高等职业教育大数据技术与应用系列教材

Python 与机器学习

陈清华　翁正秋　主　编

田启明　陈贤　王志梅　陈力琼　副主编

电子工业出版社.

Publishing House of Electronics Industry

北京·BEIJING

内 容 简 介

机器学习技术被广泛应用于大数据分析、智能驾驶、计算机视觉等领域，并加速改变我们的生活。本书以掌握一定的 Python 语言基础为前提，从具体的精简案例切入，由浅入深、循序渐进地介绍机器学习在不同业务领域中的应用，内容上注重实用性和可操作性。本书具体涵盖了机器学习、监督学习、无监督学习、数据分析与人工智能应用等基本知识和相应技能。

本书可作为大数据、人工智能、电子商务、软件技术等专业的高职学生和应用型本科学生机器学习、数据分析的入门教材，也可作为 Python 提高教程，为机器学习方法的深入解读奠定基础。此外，本书还可作为工程技术人员学习与实践的参考书。

图书在版编目（CIP）数据

Python 与机器学习 / 陈清华，翁正秋主编. —北京：电子工业出版社，2020.2

高等职业教育大数据技术与应用系列规划教材

ISBN 978-7-121-38176-8

Ⅰ．①P… Ⅱ．①陈… ②翁… Ⅲ．①软件工具－程序设计－高等职业教育－教材②机器学习－高等职业教育－教材 Ⅳ．①TP311.561②TP181

中国版本图书馆 CIP 数据核字（2019）第 287167 号

责任编辑：徐建军　　　　文字编辑：田　恬　　　　特约编辑：田学清
印　　　刷：北京七彩京通数码快印有限公司
装　　　订：北京七彩京通数码快印有限公司
出版发行：电子工业出版社
　　　　　北京市海淀区万寿路 173 信箱　　邮编：100036
开　　本：787×1 092　1/16　印张：12.75　字数：326.4 千字
版　　次：2020 年 2 月第 1 版
印　　次：2024 年 1 月第 9 次印刷
定　　价：39.00 元

凡所购买电子工业出版社图书有缺损问题，请向购买书店调换。若书店售缺，请与本社发行部联系，联系及邮购电话：（010）　　　　　，88258888。

质量投诉请发邮件至 zlts@phei.com.cn，盗版侵权举报请发邮件至 dbqq@phei.com.cn。

本书咨询联系方式：（010）88254570，xujj@phei.com.cn。

前　言

以云计算、物联网、区块链、大数据和人工智能为代表的新一代信息技术蓬勃发展，先进计算、高速互联、智能感知等技术领域创新方兴未艾，类脑计算、计算机视觉、虚拟现实、智能制造、智慧医疗等技术及应用层出不穷。人们对以机器学习为基础的人工智能、数据分析技术的兴趣与日俱增，结合开源的 Python 语言掀起了一股学习相关技术的热潮。目前，不仅许多专业的研究生开设了机器学习、数据分析、人工智能的课程，而且很多本科生，特别是计算机、自动化、电气等专业的本科生，也都开设了相关课程。2017 年以来，高职院校也逐步开始增设大数据技术与应用专业，或者以设置人工智能方向、特长班、订单班的形式开展大数据、人工智能教学，并不断设计与改进适合高职学生、应用型本科学生学习的课程，包括"Python 语言""数据采集与预处理"和"数据统计与分析"等。

面对庞杂和迅速发展的机器学习理论与方法，作者深感需要编写一本内容实用、可读性强、适合讲授、契合高职和应用型本科学生特点和教学目标的相关教材。本书作者团队结合近几年相关内容的课堂教学、特长班培养和大数据竞赛、人工智能竞赛的指导，以及社会服务培训经验，于 2016 年开始编写本书。根据学生的特点和兴趣点及培养目标，不断探索、改良相关的知识和学生需要掌握的技能，其目的是使学生学习和掌握数据统计与分析的过程，掌握常用的机器学习方法在数据分析、人工智能中的应用，同时培养学生各方面的素养，为今后在相关领域从事相应的开发与服务工作奠定基础，并最终形成本书的具体内容。同时，为使语言更加准确、讲解更加清楚，本书结合 Python 3.7 实现了对应的案例实训题。

本书的特色如下。

（1）案例简单、图文并茂，可读性好。本书尽量使用简化后的案例，引入知识点，逐步深入讲解与引导，使读者能够快速理解本书内容，领略机器学习、数据分析的思想与基本方法。

（2）内容实用，注重应用。基于机器学习的数据分析、人工智能应用正处于快速发展期。特别是 Python 语言的火热程度及各类第三方包的不断开发与开源应用，有效推进了机器学习的应用。本书结合岗位技能需求，选用经典及实用案例数据，应用 Python 相关机器学习包解决各类问题。

（3）应用引导，有利于学习。本书以应用为出发点，展开引入相关知识点，读者可边学边练。书中做到了理论联系实际，从实践中总结知识点，引导学生在学习应用技能的同时，掌握一定的理论深度及解决工程问题的方法。学生在掌握本书相关内容，对机器学习有了基本的认识之后，可以阅读其他书籍，掌握更广、更深的内容。

（4）精选实训，引导学生动手。本书精选了练习题和实训题，有助于学生加深理解相关方法的应用。同时，在电子配套材料中给出了实训题的答案和详细的解答，弥补了许多理论教材缺少实训与解答的缺陷。

（5）提供源码、课件，供读者参考。为了配合本书的教与学，作者制作了高质量教学课件以及配套实训项目与题解，供读者和教师使用。在后期，还会不断更新应用案例，并提供免费在线学习平台。

本书的编写得到温州职业技术学院"十三五"教育教改重点项目立项支持（项目编号：WZYzd201922）、浙江省高等教育"十三五"第一批教学改革研究项目立项支持（项目编号：jg20180585），在此表示衷心的感谢。

本书由陈清华、翁正秋担任主编，由田启明、陈贤、王志梅、陈力琼担任副主编，葛罗棋、施郁文、计伟建、陈驰、龚大丰、曾岸林、邵剑集、池万乐等参与编写。其中，项目 1、项目 2 和项目 12 由田启明、陈贤编写，项目 3、项目 4 由王志梅、陈力琼编写，项目 5、项目 7～9 由陈清华、翁正秋编写，项目 6 由龚大丰、计伟建编写，项目 10 由葛罗棋、施郁文编写，项目 11 由陈驰、邵剑集编写，全书由陈清华统稿，曾岸林、池万乐等参与修订与审核。同时，也要特别感谢温州职业技术学院信息 17 级大数据方向学生的课堂参与、课后反馈，他们的意见与建议对于本书的形成提供了很好的参考；还要特别感谢在 2017—2019 年参加浙江省高职高专"大数据技术与应用"竞赛、2019 年浙江省"人工智能"竞赛的参赛学生，他们对竞赛相关知识与技术的深刻理解，为本书的部分内容提供了修订意见。最后，感谢屠宇磊、阚瑞哲、王乐康等在本书的编排和校对及代码验证工作中提供的支持。

由于本书是黑白印刷，涉及的颜色无法在书中呈现，请读者结合软件界面进行辨识。为了方便教师教学，本书配有电子教学课件及相关资源，请有此需要的教师登录华信教育资源网（www.hxedu.com.cn）免费注册后进行下载，如有问题可在网站留言板留言或与电子工业出版社联系（E-mail：hxedu@phei.com.cn），还可与本书作者联系（E-mail：kegully@qq.com）。

教材建设是一项系统工程，需要在实践中不断加以完善及改进。同时，由于时间仓促、编者水平有限，书中难免存在疏漏和不足之处，敬请同行专家和广大读者给予批评和指正。

编　者

目　录

电影数据统计

- 熟练掌握 PyCharm 集成开发环境的使用方法。
- 掌握数据分析的一般过程。
- 了解数据获取的主要途径。
- 学会读取 CSV 本地文件。
- 初步学会 Python 数据分析常用包的使用方法：Pandas、Matplotlib 等。
- 掌握使用柱状图来实现数据的可视化的方法，并能对坐标轴、标题、颜色等属性进行设置。
- 了解散点图的画法。

通常，数据分析的基本步骤（见图 1.1）如下。

（1）明确目的：分析要解决什么问题，从哪些角度分析问题，采用哪些方法或指标。

（2）数据获取：明确数据获取的途径，主要包括本地数据的获取和网络数据的获取。

（3）数据解析：把杂乱无章的数据进行整理，形成有效数据。

（4）数据分析：对数据进行分析操作，比如进行分组、聚合等操作。

（5）结果呈现：将数据以图的形式直观地进行展示。

图 1.1　数据分析的基本步骤

本项目基于上述步骤，实现对电影数据的获取、清洗、简单统计分析与可视化操作。

1.1　数据获取

在进行数据分析之前，首先要根据分析目的界定分析范围和数据来源，保证分析过程合理有效。数据的来源有多种，归纳起来可以分为内部来源和外部来源。

在内部来源中，数据可以来自企业内部的数据库，它包含了企业在生产经营过程中收集、整理的数据，主要有生产数据、库存数据、订单数据、电子商务数据、销售数据、客户关系管理数据等；数据还可以来自机器、传感器，在现实的很多场景中，机器和传感器已经代替人工观察、记录的职能，完成自动检测和自动控制的任务，并创建生成数据，例如，温度控制器、智能仪表、工厂生产设备、物联网技术、GPS 等都与互联网技术相结合，实现数据实时采集的功能；另外，数据也可以来自问卷调查：传统的问卷调查也是一种获取数据的有效途径，其分为纸质问卷调查和互联网问卷调查两种方式，用来收集特定人群对产品或服务的反馈数据。

而外部来源主要有互联网公开信息，互联网是数据的海洋，是获取各种数据的主要途径。例如，国家统计数据、各地方政府公开数据、上市公司的年报和季报、研究机构的调研报告，以及各种信息平台提供的零散数据等。当然我们也可以通过付费来获得外部数据。随着数据需求的加大，市场上催生了一些产品化数据交易平台，提供多领域的付费数据资源，用户可以按需购买使用。还有一部分数据来自网络采集软件。爬虫软件按照设定好的规则自动爬取互联网上的信息，它具有很好的内容收集作用。

采集精准的目标数据是数据分析合理有效的前提，数据的来源有多种渠道，用户要不断实践、勇于尝试，才能发掘出满足业务需求的数据来源。

从技术层面来讲，用户可以通过读取本地文件，也可能从服务器下载日志，或者构建爬虫来爬取数据。本地文件中常用的格式，包括 TXT 文件、JSON 文件、CSV 文件、Excel 文件、SQLite 数据库等。

逗号分隔值（Comma-Separated Values，CSV）有时也称为字符分隔值，因为分隔字符也可以不使用逗号。CSV 文件以纯文本形式存储表格数据（数字和文本），它由任意数目的记录组成，记录之间以某种换行符进行分隔；每条记录由字段组成，字段之间的分隔符是其他字符或字符串，最常见的是逗号或制表符。通常，所有记录都有完全相同的字段序列。CSV 文件可以使用记事本（NOTE）开启，也可以使用 Excel 开启。

一旦有了数据，我们就可对其进行检查和探索。在电影行业的各项数据中，电影票房（Box Office）最为重要，它原指电影院售票处，后引申为影院的放映收益或一部电影的影院放映收益情况。现在逐渐有公司专门统计电影的票房，给出更为明确和直观的数据。票房在一定程度上体现了人们对一部电影的喜爱程度。

本项目进行统计分析需要使用 2010 年 5 月各部电影的票房数据，所有数据存储于 film.csv 文件中。现需要根据各部电影票房数据及其他基本信息，展示某部电影在一定期间内的票房变化趋势和动态预测。film.csv 文件中的部分内容如表 1.1 所示，字段之间以"，"进行分隔。

表 1.1   film.csv 文件中的部分内容

放映日期（date）	电影名称（filmname）	票房（BOR）
2010-05-09	唐山大地震	51 315.0
2010-05-16	老男孩	1599.0
……	……	……

注：文件内容抽取自 2017 年浙江省高职高专院校技能大赛"大数据技术与应用"赛项试题的训练数据样本。

本节主要介绍如何使用 Python 从 CSV 文件中读取数据。

动一动

从本地文件（film.csv）中读取电影原始数据。

- 步骤一：确认 PyCharm 集成开发环境配置中是否已安装了 Pandas 包。
- 步骤二：编写如下代码实现数据读取。

```
#coding:utf-8
# 导入 Pandas 包
import pandas as pd
```

```
# 使用 read_csv 从 film.csv 文件中读取数据
film = pd.read_csv('film.csv', delimiter=',', names=['date', 'filmname', 'BOR '])
# 输出从文件中读取的部分结果
film.head()
```

* 步骤三：运行代码，读取的部分原始电影数据如图 1.2 所示，其中第 1 列为索引列。

	date	filmname	BOR
0	2010-05-09	唐山大地震	51315.0
1	2010-05-16	老男孩	1599.0
2	2010-05-23	剑雨	2224.0
3	2010-05-23	剑雨	NaN
4	2010-05-23	老男孩	1605.0

图 1.2　读取的部分原始电影数据

📖 学一学

必须知道的知识点与技能点。

1）#coding:utf-8 的作用

Windows 默认的编码方式是 GBK，而 Python 文件在保存时使用了 utf-8 编码。在读取时，由于 GBK 与 utf-8 编码不兼容，如果 Python 使用 GBK 的编码表去解 utf-8 编码的字节码，就会出现乱码、无法解释的问题。代码中的#coding:utf-8 就是显式声明编码方式，告诉 Python 解释器如何解释字符串的编码。

2）包的引入（import）

举个例子，代码 import datetime 表示引入整个 datetime 包；from datetime import datetime 表示从 datetime 包中只导入 datetime 这个类；import datetime as dt 则表示因为 datetime 这个包名称太长，所以要给它取一个别名 dt，以后每次用到它的时候都用它的别名 dt 来代替。上述代码中的 import pandas as pd 就是取一个别名的意思。

3）使用 pandas.read_csv()方法读取 CSV 文件

CSV 文件由任意数目的记录组成，记录之间以某种换行符进行分隔；每条记录由字段组成，字段之间的分隔符是其他字符或字符串。通常，在读取文件内容时我们需要明确字段之间的分隔符。read_csv()方法读取数据的调用格式如下。

```
pandas.read_csv
    (filepath_or_buffer, sep=',', delimiter=None, header='infer', names=None,
    index_col=None, usecols=None, squeeze=False, prefix=None, mangle_dupe_cols=True,
    dtype=None, engine=None, converters=None, true_values=None, false_values=None,
    skipinitialspace=False, skiprows=None, nrows=None, na_values=None, keep_default_
    na=True,
    na_filter=True, verbose=False, skip_blank_lines=True, parse_dates=False,
    infer_datetime_format=False, keep_date_col=False, date_parser=None, dayfirst= False,
    iterator=False, chunksize=None, compression='infer', thousands=None, decimal= b'.',
    lineterminator=None, quotechar='"', quoting=0, escapechar=None, comment=None,
    encoding=None, dialect=None, tupleize_cols=None, error_bad_lines=True,
    warn_bad_lines=True, skipfooter=0, doublequote=True, delim_whitespace=False,
    low_memory=True, memory_map=False, float_precision=None)
```

可见其参数之多，其中常用的几个参数说明如表 1.2 所示，其余的参数，读者可以参见

Python 具体说明文档，此处不再一一列出。

表 1.2　read_csv()方法常用的参数说明

序　　号	参 数 名	类　　型	默 认 值	参 数 作 用
1	filepath_or_buffer	URL	必填参数	指定文件路径
2	sep	字符串	，（逗号）	指定分隔符
3	delimiter	字符串	None	指定定界符，为备选分隔符（如果指定该参数，则 sep 参数失效）
4	delim_whitespace	布尔型	False	指定空格是否作为分隔符使用，等价于设定 sep='\s+'。如果这个参数设定为 True，那么 delimiter 参数失效
5	header	整型或整型列表	infer	用来指定文件中的内容作为列名，一般文件中的第 1 行为列名。如果文件中没有特别指定列名，则默认为 0，否则设置为 None

知识点拓展

读取的数据有一部分来源于 TXT 文件。TXT 文件的读取与相关方法如下。

1）文件打开

- obj = open(filename, mode)：表示以"mode"指定的方法打开"filename"文件。

2）读操作

- read()：表示从文件中一次性读取全部内容。
- readline()：表示在读取时以换行符"\n"为节点，逐行读取内容。
- readlines()：表示读取全部内容。以列表形式返回结果，列表中的每个元素都是每一行对应的内容。

3）写操作

- write()：将字符内容写入文件。
- writelines()：将列表中的内容写入文件。

4）文件关闭

close()：表示关闭文件。

5）with 语句

在文件处理前加入"with open(filename)as f_obj:"语句，有以下作用。

- 如果文件在处理过程中需要进行异常处理及自动调用文件关闭操作，则推荐使用 with 语句。
- 在对资源进行访问的场合中，无论是否发生异常都会执行"清理"操作，如文件关闭、线程的自动获取与释放等。

1.2　数据解析

　　无论来自何处的数据，最终获取的结果都可能会存在缺陷。例如，票房是否都为正数？只有好的数据质量，才能保证后面的模型和分析的正确性。而我们得到的数据也可能是缺失的或不完整的，因此数据检查这一步是非常关键的。无论何种类型的数据都要检查其极端情况，检查时可以进行简单地统计、测试和可视化操作。

　　数据解析包括检查、清洗与筛选等过程。数据清洗是对数据进行重新审查和校验的过程，目的在于删除重复信息、纠正存在的错误，并提供数据一致性。数据清洗从名字上也看得出就是把"脏"的"洗掉"，是发现并纠正数据文件中可识别的错误的最后一道程序，包括检查数据一致性，处理无效值、缺失值等。因为获得的数据是面向某一主题的数据集合，这些数据可能是从多个业务系统中抽取而来的，也可能包含各项历史数据，这样就避免不了部分数据是错误数据或有的数据相互之间有冲突，这些错误的或有冲突的数据都不是我们想要的，称为"脏数据"。我们需要按照一定的规则把"脏数据洗掉"，这就是数据清洗。数据清洗的一般过程如图 1.3 所示。

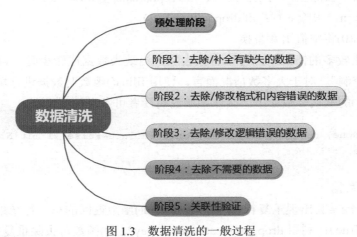

图 1.3　数据清洗的一般过程

　　数据清洗的任务是过滤不符合要求的数据，将过滤的结果交给业务主管部门，确认是过滤还是由业务单位修正之后再进行抽取。不符合要求的数据主要有不完整数据、错误数据、重复数据三大类。数据清洗一般是由计算机而不是人工完成的。接下来，我们尝试使用计算机程序删除不完整的数据。

✎ **动一动**

从数据项中去除票房数据项为空的"脏数据"。

- 步骤一：添加去除"空值"的代码。

```
# 数据清洗：去除含 NaN 的数据行
film = film.dropna()
film.head()
```

- 步骤二：再次运行代码，部分结果如图 1.4 所示。其中索引列值为 3 的行被去除。

	date	filmname	BOR
0	2010-05-09	唐山大地震	51315.0
1	2010-05-16	老男孩	1599.0
2	2010-05-23	剑雨	2224.0
4	2010-05-23	老男孩	1605.0
5	2010-05-09	唐山大地震	51876.0

图 1.4　去除空值后的部分数据结果

📖 学一学

必须知道的知识点。

1）去除缺失数据

在许多数据分析工作中，缺失数据是经常发生的。Pandas 包的设计目标之一就是使得处理缺失数据的任务更加轻松。对于数值数据，Pandas 包使用浮点值 NaN（Not a Number）表示缺失数据。使用 dropna() 去除缺失数据将使操作更加得心应手。

- 使用 dropna() 去除缺失数据：df.dropna()。
- 传入 how='all'，去除全部为 NaN 的行：df.dropna(how='all')。
- 传入 axis=1，去除全部为空值的列：df.dropna(axis=1, how="all")。
- 传入 thresh=n，去除 n 行：df.dropna(thresh=1)。

2）使用 fillna(0) 将空值用 0 替换

在缺失数据比较多的情况下，可以直接去除。当缺失数据比较少时，可能希望通过其他方式填补那些"空洞"。对于大多数情况而言，使用 fillna() 函数对数据进行填充很有必要。数据填充函数 fillna() 的默认参数如下，具体参数说明读者可参考说明文档。

```
fillna(
self, value=None, method=None, axis=None, inplace=False, limit=None,
downcast=None, **kwargs
)
```

3）去除重复数据

DataFrame 中经常会出现重复行，利用 duplicated() 函数返回的每一行结果来判断数据是否重复（重复则为 True）；利用 drop_duplicates([key1,key2,…]) 函数可去除重复行。

🖥 想一想

在具体使用时，又该如何去除重复数据呢？编写代码去除电影 film.csv 文件中的重复数据。

数据的价值在于其所能够反映的信息。然而在收集数据的时候，并不能完全考虑到未来的用途，只是尽可能地收集数据。当仅需要分析某部电影的票房变化趋势时，我们可对收集的所有数据进行筛选。数据筛选的目的是提高收集的存储数据的可用性，以便于后期进行数据分析。

✎ 动一动

从数据中筛选出电影名称为"老男孩"的数据。

- 步骤一：添加代码。

```
# 筛选出 filmname（电影名称）列的值为老男孩的数据
film_boy = film[(film.filmname == '老男孩')]
film_boy.head()
```

- 步骤二：运行代码，部分数据结果如图 1.5 所示。

	date	filmname	BOR
1	2010-05-16	老男孩	1599.0
4	2010-05-23	老男孩	1605.0
15	2010-05-16	老男孩	1595.0
32	2010-05-23	老男孩	1595.0
38	2010-05-16	老男孩	1596.0

图 1.5　筛选后的部分数据结果

📖 学一学

必须知道的知识点。

1）DataFrame 数据筛选

DataFrame 类型类似于数据库表结构的数据结构,可以通过以下几种常用的筛选方式选取需要的数据。

（1）筛选某一列：new_df = df['a']或 new_df =df.a，表示抽取 a 列。

（2）筛选多列：new_df = df[['a','b']]，表示只抽取其中的 a 列和 b 列。

（3）筛选多行：new_df = df [0:2]，表示只抽取索引为 0 和 1 的行。

（4）按条件筛选：new_df = df[(df['a'] > 0)]，表示只抽取 a 列中值大于 0 的行。

（5）按索引筛选：new_df = df.iloc[1,2,5]，表示只抽取索引值为 1、2、5 的行；new_df=df.iloc[[0,3,5], 0:2]，表示抽取的是索引值为 0、3、5 行中的第 0、1 列的数据；new_df=df.loc[0:3, ['a', 'b']]，表示只抽取 0、1、2、3 行的 a、b 两列；new_df=df.loc[df['a'] == 6][['b', 'c']]，表示抽取 df 中的第 a 列中元素等于 6 的那一行的 b 列和 c 列。

2）DataFrame 多条件筛选

new_df = df[(df['a'] > 0)&(df['b'] < 0)| df['c'] > 0]，表示抽取 a 列中值大于 0、b 列中值大于 0 或 c 列中值大于 0 的行。

📝 动一动

从数据中筛选出放映日期为 2010 年 5 月后半月的电影数据。

- 步骤一：输入代码。

```
# 将 date 列，即放映日期转换为日期型
film['date'] = pd.to_datetime(film['date'])
# 筛选出放映日期为 2010 年 5 月后半月的电影数据
film_date = film.loc[(film['date']> '2010-5-15')&(film['date'] <= '2010-5-31')]
print(film_date)
```

- 步骤二：运行代码，部分数据结果如图 1.6 所示。

	date	filmname	BOR
1	2010-05-16	老男孩	1599.0
2	2010-05-23	剑雨	2224.0
4	2010-05-23	老男孩	1605.0
6	2010-05-16	X战警-天启	102063.0
7	2010-05-16	X战警-天启	102364.0

图 1.6　根据放映日期列筛选后的部分数据结果

✏️ 练一练

筛选出票房数据 ">1600" 且名称为 "老男孩" 或 "剑雨" 的数据行，示例代码如下。

```
# 筛选出票房数据 ">1600" 且名称为 "老男孩" 或 "剑雨" 的数据行
film_out = film[(film["filmname"].isin(['老男孩','剑雨']))&(film['BOR']> 1600)]
film_out.head()
```

利用复合条件筛选后的部分数据结果如图 1.7 所示。

	date	filmname	BOR
2	2010-05-23	剑雨	2224.0
4	2010-05-23	老男孩	1605.0
10	2010-05-23	剑雨	2246.0
34	2010-05-23	剑雨	2253.0
40	2010-05-23	剑雨	2250.0

图 1.7 利用复合条件筛选后的部分数据结果

1.3 数据分析

数据分析是指在数据获取、数据整理的基础上，通过统计运算得出结论的过程。数据分析是统计分析的核心和关键，通常可分为两个层次。

第一个层次是用描述统计的方法计算出反映数据集中趋势、离散程度和相关强度的具有外在代表性的指标。

第二个层次是在描述统计方法的基础上，用推断统计的方法对数据进行处理，以样本信息推断总体情况，并分析和推测总体的特征和规律。

本节主要基于第一个层次的学习，后续章节将进行推断统计相关内容的学习。

动一动

根据电影名称统计 2010 年 5 月后半月的票房。

- 步骤一：添加代码。

```python
# 根据 filmname（电影名称）列统计 2010 年 5 月后半月的票房
filmgrp_bor = film_date.groupby(['filmname'], as_index= False)['BOR'].sum()
filmgrp_bor.head()
```

- 步骤二：运行代码，结果如图 1.8 所示。

	filmname	BOR
0	X战警·天启	1422856.0
1	剑雨	15669.0
2	老男孩	22382.0
3	让子弹飞	1165745.0

图 1.8 根据电影名称进行聚合分析的结果（求和）

学一学

必须知道的知识点。

1）Pandas 包分组函数 groupby()

分组函数主要应用于数据中某一个 key 有多组数据，如何分别对每个 key 进行相同的运算的问题，如 df.groupby(df['key'])。as_index=False 表示禁用由分组键组成的索引，film_date.groupby(['filmname'], as_index= False)['BOR'].sum()表示禁用"filmname"。

2）Pandas 包常用聚合函数

- 均值：df.groupby('key1').mean()。

- 求和：df.groupby('key1').sum()。
- 最值：df.groupby('key1').max()和 df.groupby('key1').min()。
- 计数：df.groupby('key1').count()。

通过联系数据库的相关知识，可有助于对这部分内容的理解。其他聚合函数不再一一列出。

练一练

理解 as_index 的作用。

示例代码如下。

```
# 根据 filmname（电影名称）列统计 2010 年 5 月后半月的票房，并以 filmname 为分组标签
filmgrp_bor1 = film_date.groupby(['filmname'], as_index= True)['BOR'].sum()
filmgrp_bor1.head()
```

统计结果如图 1.9 所示。对比图 1.8 可以看出结果中缺少了索引列。读者可根据图 1.9 中的结果理解 as_index 的作用。

```
filmname
X战警-天启      1422856.0
剑雨            15669.0
老男孩          22382.0
让子弹飞       1165745.0
Name: BOR, dtype: float64
```

图 1.9 根据电影名称进行聚合分析的结果（求和：无索引项）

练一练

统计每日的平均票房。

示例代码如下。

```
# 统计每日的平均票房
filmgrp_bor2 = film.groupby(['date'], as_index= False)['BOR'].mean()
filmgrp_bor2.head()
```

统计结果如图 1.10 所示。

	date	BOR
0	2010-05-09	48716.500000
1	2010-05-13	100959.000000
2	2010-05-16	69634.696970
3	2010-05-23	25285.153846

图 1.10 根据放映日期数据进行聚合分析的结果（求平均值）

练一练

统计每日放映的电影部数。

示例代码如下。

```
# 根据放映日期和电影名称去除重复数据
film_dis = film.drop_duplicates(['date','filmname'])
# 根据放映日期统计每日放映的电影部数
filmgrp_cnt = film_dis.groupby(['date'], as_index= False)['filmname'].count()
filmgrp_cnt.head()
```

统计结果如图 1.11 所示。其中 2010-05-09 这一日放映的电影部数为 2 部。

	date	filmname
0	2010-05-09	2
1	2010-05-13	1
2	2010-05-16	3
3	2010-05-23	4

图 1.11　根据放映日期统计每日放映的电影部数

1.4　数据可视化

统计分析结果可以通过表格式、图形式和文章式等多种形式表现出来。表格式是对统计指标加以合理叙述的形式，它使得统计资料更加条理化、简明清晰，便于检查数字的完整性和准确性，以及进行对比分析。这些统计表从形式上看，基本由标题、横行、纵栏、数字组成。

图形式的统计分析结果具有直观、醒目、易于理解的特点，在计算机大量普及的今天，统计图表在统计分析中得到了极为广泛的应用。图形式使用的传统图表类型有折线图（区域图）、柱状图（条状图）、散点图（气泡图）、K 线图、饼图（环形图）、雷达图（填充雷达图）、和弦图、力导向布局图、地图，同时支持任意维度的堆积和多图表混合展现。

文章式的主要形式是统计分析报告。它是全部表现形式中最完善的形式，是统计分析研究过程中所形成的论点、论据、结论的集中表现，它是运用统计资料和统计方法、数字与文字相结合，对客观事物进行分析研究的表现。

📝 **动一动**

图形化显示不同电影的票房情况。

- 步骤一：添加如下代码。

```python
# coding:utf-8
# 导入画图包
import matplotlib.pyplot as plt
# 设置中文字体为SimHei，简黑字体
plt.rcParams['font.sans-serif'] = ['SimHei']
# 解决负号显示的问题
plt.rcParams['axes.unicode_minus'] = False
# 设置标题
plt.title(u'影片 2010 年 5 月后半月总票房')
# 设置x、y轴的标题，x轴显示的值为电影名称
plt.xlabel(u'电影名称')
plt.ylabel(u'票房/万元')
# 画柱状图，x、y轴分别为电影名称和票房，并设置每根柱子的颜色为绿色，宽度为 0.4，表示占据 40%的位置
plt.bar(filmgrp_bor['filmname'], filmgrp_bor['BOR'], color='green', width=0.4)
# 显示图像
plt.show()
```

当使用 Matplotlib 包画图时，在默认设置下是无法显示中文的，汉字会被显示成乱码，主要原因在于，当显示中文时，不能从默认字体库中找到合适的中文字体。因此，我们需要在代码中重新设置字体。其中，plt.rcParams['font.sans-serif'] = ['SimHei']表示将显示的中文字体设置为 SimHei。

注意，我们需要在每个要显示的汉字字符串前加上字符 u，即 u'要显示的汉字字符串'，比

如示例中的 u'票房/万元'。在 Python 3.7 版本之后，则不需要添加字母"u"。

使用 Matplotlib 包画图的时候经常会遇见负号无法显示的情况。plt.rcParams['axes. unicode_minus'] = False 用于解决负号显示的问题。

- 步骤二：运行代码，结果如图 1.12 所示。

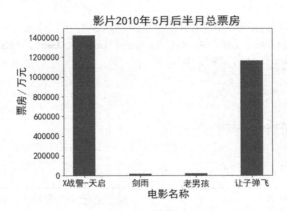

图 1.12　图形化显示不同电影的票房情况

📖 **学一学**

必须知道的知识点。

1）pyplot

matplotlib.pyplot 是命令行风格函数的集合。Matplotlib 包以类似于 MATLAB 的方式工作。pyplot 中的每一个函数都会对画布或图像做出相应的改变，如创建画布、在画布中创建一个绘图区、在绘图区上画几条线、给图像添加文字说明等。matplotlib.pyplot 是有状态的，它会保存当前图片和绘图区的状态，新的绘图函数会作用在当前图片的状态基础上。

2）图形的相关格式设置

（1）颜色（color）、标记（marker）和线型（linestyle）：颜色值在使用时，可以使用缩写形式来表示，如代码中的颜色"green"可以用"g"来表示、"black"可以用"k"来表示。常用的颜色包括"k"表示 black（黑色）、"b"表示 blue（蓝色）、"g"表示 green（绿色）、"r"表示 red（红色）、"c"表示 cyan（青色）、"m"表示 megenta（品红）、"y"表示 yellow（黄色）、"w"表示 white（白色）；标记中的"."表示 point（点）、","表示 pixel、"o"表示 circle（圆形）、"v"表示下三角形、"^"表示上三角形、"<"表示左三角形；线型中的"-"或者"solid"表示粗线、"--"或者"dashed"表示 dashed line（虚线）、"-."或者"dashdot"表示 dash-dotted（虚线）、":"或者"dotted"表示 dotted line（点线）、"None"或" "表示不进行任何绘画。

（2）标题（title）、轴标签（xlabel）、刻度（xticks）及刻度标签（ticklabels）：set_xlabel(xlabel)表示设置 x 轴的名称，并用 set_title(title)设置标题。要改变 x 轴刻度，最简单的办法是使用 set_xticks(xticks)和 set_xticklabels(xticklabels)方法。set_xticks(xticks)告诉 Matplotlib 包要将刻度放在数据范围中的哪些位置，在默认情况下，这些位置也就是刻度标签。还可使用 set_xlim(xlim)和 set_ylim(ylim)手动设定坐标轴的起始和结束边界。

（3）图例：可以调用 legend()自动创建图例。

（4）注解：注解和文字可以通过 text()、arrow()和 annotate()函数进行添加。text()函数可以将文本绘制在图表的指定坐标。

（5）保存图像：利用 plt.savefig() 可以将当前图表保存到文件中。

3）DataFrame 中的 bar() 函数和 plot.barh() 函数

DataFrame 中的 plot.bar() 函数和 plot.barh() 函数可以用来分别绘制垂直和水平的柱状图。示例代码如下。

```python
# 随机生成数据
df = pd.DataFrame(np.random.rand(6, 4), index=['one', 'two', 'three', 'four', 'five',
'six'],columns=pd.Index(['A', 'B','C','D']))
# 画出垂直柱状图
df.plot.bar()
# 画出水平柱状图
df.plot.barh(stacked=True, alpha=0.5)
plt.show()
```

结果如图 1.13 所示。

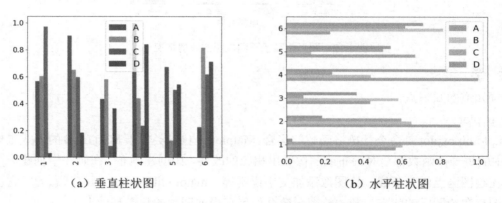

（a）垂直柱状图　　　　　　　　　　（b）水平柱状图

图 1.13　使用 plot.bar() 函数和 plot.barh() 函数绘制的柱状图示例

为了使读者能够更清晰地区分各数据，笔者使用 hatch 图例对图 1.13 中的结果进行了展示，如图 1.14 所示。

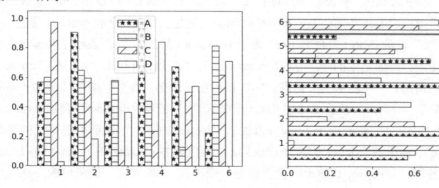

图 1.14　使用 hatch 图例展示结果

可以考虑将图 1.12 中的分组结果使用水平柱状图来展现，主要代码如下。

```python
temp = pd.DataFrame(filmgrp_bor['BORr'].values.T,
                    index=filmgrp_bor['filmname'], columns=pd.Index(['BOR']))
# 调用 barh() 函数画出水平柱状图
temp.plot.barh(stacked=True, alpha=0.8,title='影片 2010 年 5 月后半月总票房')
```

```
plt.show()
```

运行结果如图 1.15 所示。

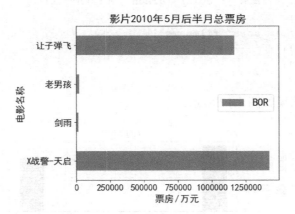

图 1.15 水平柱状图

✍ **动一动**

对票房进行排序后显示对比情况，要求热门电影靠前显示。

- 步骤一：添加如下代码。

```
# 按 BOR 列对数据集进行降序排序
film_sort = filmgrp_bor.sort_values(by='BOR', axis=0, ascending= False)
```

- 步骤二：对排序后的结果进行可视化，如图 1.16 所示。

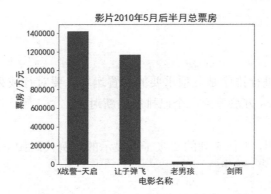

图 1.16 可视化排序结果

- 步骤三：使用子图对排序结果前后进行比较，主要代码如下。

```
# 创建自定义图像
fig = plt.figure()
# 令 ax1 为 1 行 2 列图形的第 1 个坐标系
ax1 = fig.add_subplot(1, 2, 1)
# 令 ax2 为 1 行 2 列图形的第 2 个坐标系
ax2 = fig.add_subplot(1, 2, 2)
scale=range(len(filmgrp_bor['filmname']))
# 在 ax1 坐标系上画出柱状图，并设置相应参数
ax1.bar(scale,filmgrp_bor['bor'], color='blue', width=0.4)
ax1.set_xticks(scale)
ax1.set_xticklabels(filmgrp_bor['filmname'])
```

```
scale=range(len(film_sort['BOR']))
# 在 ax2 坐标系上画出柱状图，并设置相应参数
ax2.bar(scale,film_sort['BOR'], color='green', width=0.4)
ax2.set_xticks(scale)
ax2.set_xticklabels(film_sort['filmname'])
ax1.set_title('排序前')
ax2.set_title('排序后')
plt.show()
```

- 步骤四：运行结果如图 1.17 所示。

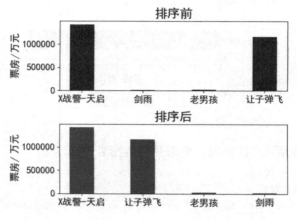

图 1.17　排序结果前后的对比

学一学

必须知道的知识点。

1）数据排序

根据条件对数据集进行排序是一项重要的内置运算。要对行或列索引进行排序（按字典顺序），可使用 sort_values 方法返回一个已排序的新对象。

2）子图的画法

一张图可画多张子图，1 行 2 列的 2 张子图显示的示例代码如下，以此类推。

```
import matplotlib.pyplot as plt
import numpy as np
# 创建自定义图像
fig = plt.figure()
# 令 ax1 为 1 行 2 列图形的第 1 个坐标系
ax1 = fig.add_subplot(1, 2, 1)
# 令 ax2 为 1 行 2 列图形的第 2 个坐标系
ax2 = fig.add_subplot(1, 2, 2)
# 在 ax1 坐标系上画出直方图
ax1.hist(np.random.randn(100), bins=20, color='k')
# 在 ax2 坐标系上画出散点图
ax2.scatter(np.arange(30), np.arange(30)+ 3 * np.random.randn(30))
plt.show()
```

运行结果如图 1.18 所示。

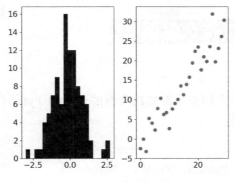

图 1.18 子图画法示例

练一练

格式化显示票房统计结果，如图 1.19 所示。

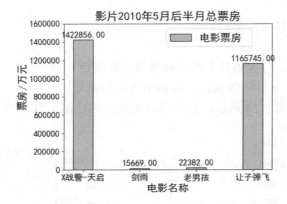

图 1.19 格式化显示票房统计结果

参考代码如下。

```python
plt.title('影片2010年5月后半月总票房')
plt.xlabel('电影名称')
plt.ylabel('票房/万元')
# 画出柱状图
plt.bar(filmgrp_bor['filmname'], filmgrp_bor['bor'], width = 0.35, facecolor = 'lightskyblue', edgecolor = 'black')
scale=range(len(filmgrp_bor['BOR']))
plt.xticks(scale,filmgrp_bor['filmname'])
# 在图的每根柱子上加上文本描述
for x, y in zip(filmgrp_bor['filmname'], filmgrp_bor['BOR']):
    plt.text(x, y + 10000, '%.2f' % y, ha='center', va='bottom')
plt.legend(['电影票房'])
plt.show()
```

理一理

什么是数据分析？

数据分析是用统计分析方法对收集的大量数据进行分析，提取有用信息并形成结论，然后对数据加以详细研究和概括总结的过程。

1.5　课堂实训：工资数据统计

【实训目的】

通过本次实训，要求学生初步掌握数据分析的过程和 Python 数据分析常用包（Pandas、Matplotlib）的基本使用方法。

【实训环境】

PyCharm、Python 3.7、Pandas、NumPy、Matplotlib。

【实训内容】

一个完整、充分的数据分析方法的使用过程主要包括以下步骤。

- 收集/观察数据。
- 探索和准备数据。
- 基于数据进行统计与分析。
- 结果的可视化。

在接下来的实训中，将按照以上步骤对数据进行统计。

（1）读取 salary.csv 文件中的数据，并输出读取的结果。

读取的部分数据如图 1.20 所示，数据的可视化结果如图 1.21 所示。

	Year	Salary
0	1.0	39451
1	1.2	46313
2	1.4	37839
3	1.9	43633
4	2.1	39999

图 1.20　读取的部分数据

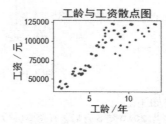

图 1.21　数据的可视化结果

示例代码如下。

```
#coding:utf-8
import pandas as pd
import matplotlib.pyplot as plt
plt.rcParams['font.sans-serif'] = ['SimHei']
plt.rcParams['axes.unicode_minus'] = False
# 读取工龄及工资数据
salary = pd.read_csv("salary.csv",delimiter=",")
salary.head()
# 画散点图
plt.scatter(salary['Year'],salary['Salary'],color='red',marker='.')
# 设置柱状图的标题、轴标签
plt.title("工龄与工资散点图")
plt.xlabel('工龄/年')
plt.ylabel('工资/元')
# 显示图像
plt.show()
```

（2）去除重复和缺失项的数据行，并输出结果。

参考代码如下。

```
# 去除缺失项
salary = salary.dropna()
# 去除重复项
salary = salary.drop_duplicates()
salary.head()
```

（3）筛选出工龄小于 12 年，工资小于 12 万元的数据行，并打印结果。

参考代码如下。

```
salary = salary[(salary["Year"]<12)&(salary["Salary"]<120000)]
salary.head()
```

（4）统计每个工龄的平均工资，并打印结果。

统计出的工龄为小数，对其进行四舍五入取整，统计结果如图 1.22 所示。

	Year	Salary
0	1.0	42310.200000
1	2.0	41195.800000
2	3.0	59174.500000
3	4.0	59582.733333
4	5.0	73295.000000

图 1.22　按工龄统计平均工资的数据结果

参考代码如下。

```
# 将工龄列转化为 int 型
salary["Year"] = salary["Year"].round()
# 按工龄统计平均工资
avg = salary.groupby(["Year"],as_index=False)["Salary"].mean()
avg.head()
```

（5）用柱状图展现每个工龄的平均工资，可视化结果如图 1.23 所示。

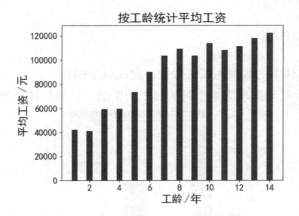

图 1.23　按工龄统计平均工资的可视化结果

可视化的参考代码如下。

```
# coding:utf-8
import matplotlib.pyplot as plt
plt.rcParams['font.sans-serif'] = ['SimHei']
plt.rcParams['axes.unicode_minus'] = False

plt.bar(avg['Year'],avg['Salary'],color='blue',width=0.4, alpha =0.9)
plt.title('按工龄统计平均工资',size=20)
plt.xlabel('工龄/年',size=18)
plt.ylabel('平均工资/元',size=18)
plt.show()
```

（6）用柱状图、散点图分别展现每个工龄的平均工资，可视化结果如图 1.24 所示。

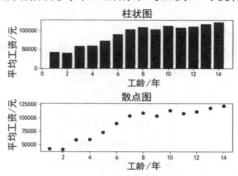

图 1.24　按工龄统计平均工资的可视化结果（子图）

参考代码如下。

```
fig = plt.figure()
ax1 = fig.add_subplot(2,1,1)
ax2 = fig.add_subplot(2,1,2)
ax1.bar(avg['Year'],avg['Salary'],color='blue')
ax2.scatter(avg['Year'],avg['Salary'],color='blue')
ax1.set_title("柱状图")
ax2.set_title("散点图")
ax1.set_xlabel('工龄/年')
ax1.set_ylabel('平均工资/元')
ax2.set_xlabel('工龄/年')
ax2.set_ylabel('平均工资/元')
plt.show()
```

（7）以 film.csv 文件中的数据为训练数据，完成以下操作。

- 按电影名称统计时间跨度为半个月的日平均票房，结果如图 1.25 所示。

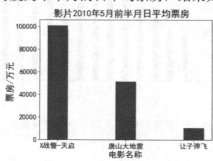

图 1.25　时间跨度为半个月的日平均票房统计结果

- 数据可视化：按票房进行升序排序，并分别用子图比较排序前后的结果，如图 1.26 所示。

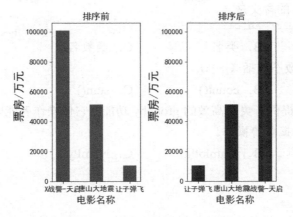

图 1.26　排序前后的统计结果对比

1.6　练习题

1. 常用的本地文件格式不包括（　　）。
   A．TXT 文件　　　　B．Excel 文件　　　　C．CSV 文件　　　　D．DOT 文件
2. Python 在 2.5 版本以后集成的数据库是（　　）。
   A．SQLite　　　　B．Oracle　　　　C．SQL Server　　　　D．MySQL
3. 一般来说，NumPy、Matplotlib、Pandas 是数据分析和展示的 3 个常用包，下列选项中，（　　）说法是不正确的。
   A．Pandas 包仅支持一维和二维数据分析，当进行多维数据分析时要使用 NumPy 包
   B．Matplotlib 包支持多种数据展示，使用 pyplot 子库即可
   C．NumPy 包底层采用 C 语言实现，因此，运行速度很快
   D．Pandas 包也包含一些数据展示函数，可以不使用 Matplotlib 包进行数据展示
4. Python 的基本语法仅支持整型、浮点型和复数类型，而 NumPy 和 Pandas 包支持 int64/int32/int16/int8 等 20 余种数字类型，下列选项中，（　　）说法是不正确的。
   A．科学计算可能涉及很多数据，对存储和性能有较高要求，因此支持多种数字类型
   B．NumPy 包底层是采用 C 语言实现的，因此，天然支持了多种数字类型
   C．程序员必须精确指定数字类型，因此，会给编程带来一定负担
   D．对元素类型进行精确定义，有助于 NumPy 和 Pandas 包更合理地优化存储空间
5. 针对下面的代码，（　　）说法是不正确的。

```
import numpy as np
a = np.array([0, 1, 2, 3, 4])
import pandas as pd
b = pd.Series([0, 1, 2, 3, 4])
```

   A．a 和 b 是不同的数字类型，它们之间不能直接进行运算
   B．a 和 b 表达同样的数据内容

    C. a 和 b 都是一维数据

    D. a 参与运算的执行速度明显比 b 快

6. 如下代码中 plt 的含义是（   ）。

```
import matplotlib.pyplot as plt
```

    A. 别名   B. 类名   C. 函数名   D. 变量名

7. 常用的聚合函数不包括（   ）。

    A. max()   B. count()   C. sum()   D. sex()

8. 以下（   ）包提供了灵活高效的 groupby 功能，它使操作者能以一种自然的方式对数据集进行切片、切块、摘要等操作。

    A. Pandas   B. Matplotlib   C. NumPy   D. sklearn

【参考答案】

1. D。本地文件中常用的格式，包括 TXT 文件、JSON 文件、CSV 文件、Excel 文件、SQLite 数据库等。

2. A。

3. A。

4. C。

5. D。

6. A。

7. D。常用聚合函数：count() 用来统计指定列不为 null 的行数；max() 用来计算指定列的最大值，如果指定列是字符串，那么使用字符串进行排序运算；min() 用来计算指定列的最小值；sum() 用来计算指定列的数值和，如果指定列不是数值类型，那么计算结果为 0；mean() 用来计算指定列的平均值；等等。

8. A。Pandas 包提供了灵活高效的 groupby 功能。

电影数据分析（回归）

- 掌握一元线性回归、多项式回归的概念。
- 掌握 sklearn 包中一元线性回归、多项式回归的应用。
- 掌握 sklearn 包中数据预处理的方法，特别是范围缩放、标记映射的使用方法。
- 掌握 sklearn 包中训练集与测试集的切分方法。
- 了解多元线性回归及其应用。
- 初步学会散点图、折线图的绘图方法，熟练掌握柱状图的绘图方法及参数设置。

2.1 背景知识

随着社会的多元化，越来越多的影视作品走入人们的生活。但鲜有几部新制作的电影能抓住观众的心，到底是观众越来越挑剔，还是电影作品本身吸引力不够？如果你有一个电影公司，想制作一部电影作品，你有想过拍一部什么样的电影吗？你会选择一名什么样的导演呢？ 近年来，随着信息化、智能化浪潮的蓬勃兴起，电影行业也纷纷进入数据蓝海。各种应用层出不穷，大量数据涌现，所以，研究者要透过浩瀚的数据，洞察用户的需求，为人们提供观影服务。

近年来，得益于国民经济的持续快速增长，以及国家对于文化产业的支持，整个电影文化与产业环境持续改善。作为文化娱乐市场重要组成部分的电影市场已连续多年实现电影票房的快速增长，同时，吸引了各类社会资本（国有、民营、外资）积极进军电影行业，从而进一步推动了电影行业的良性快速发展。

投拍一部电影，只有进行调查分析，深入了解电影市场的情况，才能提高票房，降低投资风险。为了更好地分析电影总体发展状况及投资的可行性，需要对原始电影数据进行获取、清洗、处理、分析和预测。良好的分析和预测方法可以帮助投资者进行更清晰的分析来投资电影，以期获得更高的收益。电影票房预测能分析和预测不同种类电影的票房价值，是电影产业投/融资重要的参考工具，对电影产品定价及衍生产品开发都具有较强的指导作用。

目前，网络上公开了很多的电影数据，比如 Movie Database 网站就提供了一份数据集，主要包括 1960—2015 年上映的部分电影。读者可以从上面下载数据集进行分析。电影数据项主要包括电影名称、电影放映日期、导演、电影分类、电影评分数据及票房数据等。本项目将通过回归方法对 2017 年浙江省高职高专院校技能大赛"大数据技术与应用"赛项试题中使用的电影历史数据进行分析，并对未来的票房与评分进行简单预测。对于初学者，我们在内容的讲解上更注重于方法的使用过程与技巧，而并不偏重于数据的多样性、复杂性和分析方法应用的准确性、适用性。方法的适用性，将在应用实践、经验积累与总结过程中不断引入，循序渐进，慢慢展开。

2.2 使用一元线性回归分析电影票房数据

2.2.1 一元线性回归

在电影数据中，日均票房=累计票房/放映天数。当日均票房不足百万元时一般将会在接下来的一周左右下档。我们可能会联想推测，日均票房与放映天数是否存在一定的相关性？在本节中，我们将使用一元线性回归（Linear Regression）对两项数据进行简要的相关性分析，探讨是否可以通过放映天数来预测电影的票房。

📝 **动一动**

根据放映天数，使用一元线性回归分析和预测电影日均票房。

- 步骤一：读取与整理数据，代码如下。

```python
# 用 pandas 读取文件，并用分号隔开
import pandas as pd
df= pd.read_csv('film.txt', delimiter=';')
# 筛选指定内容
df=df[['上映时间','闭映时间', '票房/万元']]
# 去除带有空值的行
df=df.dropna()
# 将上映时间和闭映时间转换为时间类型
df['上映时间'] = pd.to_datetime(df['上映时间'])
df['闭映时间'] = pd.to_datetime(df['闭映时间'])
# 计算电影放映天数
df['放映天数']=(df['闭映时间'] - df['上映时间']).dt.days + 1
# 将票房数据转换为浮点型
df['票房/万元'] = df['票房/万元'].astype(float)
# 计算日均票房
df['日均票房/万元'] = df['票房/万元']/df['放映天数']
# 重置索引列，不添加新的列
df = df.reset_index(drop=True)
df.head()
```

- 步骤二：运行代码，结果如图 2.1 所示。

	上映时间	闭映时间	票房/万元	放映天数	日均票房/万元
0	2015-03-27	2015-04-12	192.0	17	11.294118
1	2015-07-10	2015-08-23	37900.8	45	842.240000
2	2015-12-20	2016-01-31	9.8	43	0.227907
3	2015-02-19	2015-04-06	74430.2	47	1583.621277
4	2015-07-03	2015-07-19	21.7	17	1.276471

图 2.1　读取的部分数据结果

- 步骤三：使用一元线性回归进行分析，代码如下。

```python
from sklearn import linear_model
# 设定 x 和 y 的值
```

```
x = df[['放映天数']]
y = df[['日均票房/万元']]
# 初始化线性回归模型
regr = linear_model.LinearRegression()
# 拟合
regr.fit(x, y)
```

- 步骤四：可视化分析结果，代码如下。

```
import matplotlib.pyplot as plt
plt.rcParams['font.sans-serif'] = ['SimHei']
plt.rcParams['axes.unicode_minus'] = False


# 可视化
# 定义图表标题等
plt.title('放映天数与票房关系图（一元线性回归）')
plt.xlabel('放映天数')
plt.ylabel('日均票房/万元')
plt.scatter(x, y, color='black')
# 画出预测点，预测点的宽度为1，颜色为红色
plt.scatter(x, regr.predict(x), color='red',linewidth=1 , marker = '*')
plt.legend(['原始值','预测值'], loc = 2)
plt.show()
```

- 步骤五：运行代码，结果如图 2.2 所示。

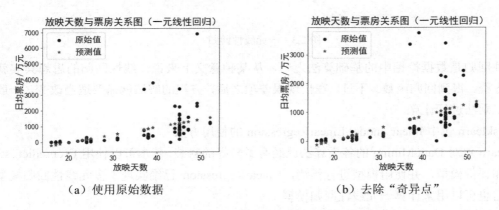

（a）使用原始数据　　　　　　　　　　（b）去除"奇异点"

图 2.2　使用一元线性回归进行分析的结果

线性回归的主要问题是对异常值（Outlier）敏感，在真实世界的数据收集过程中，经常会碰到错误的度量结果。图 2.2（a）中右上角的数值对于模型来讲是一个"奇异点"（df = df[df['日均票房/万元']<5000]），在数据清洗、准备阶段，可以将该值去掉以提高模型的精确率。图 2.2（b）中是对"奇异点"去除后的结果。

📖 学一学

必须知道的知识点。

1）sklearn 包

自 2007 年发布以来，scikit-learn 已然成为 Python 最重要的机器学习包。scikit-learn 简称 sklearn，支持分类、回归、降维（Dimensionality Reduction）和聚类（Clustering）四大机器学习方法，还包含了特征提取、数据处理和模型评估三大模块。它是 Scipy 的扩展，建立在 NumPy

包和 Matplotlib 包的基础上。利用这三大模块的优势，可以大大提高机器学习的效率。

此外，sklearn 包有完善的文档、丰富的 API，在学术界颇受欢迎。sklearn 包已经封装了大量的机器学习方法，包括 LIBSVM 和 LIBINEAR。同时 sklearn 包内置了大量数据集，节省了读取和整理数据集的时间。

2）简单认识一元线性回归

回归只涉及两个变量的，称为一元回归。一元回归的主要任务是从两个相关变量中的一个变量（放映天数）去估计另一个变量（日均票房），被估计的变量（日均票房）称因变量，可设为 Y；自变量设为 X（放映天数）。回归分析就是要找出一个数学模型 $Y = f(X)$，使得从 X 可以估计 Y。此时，Y 可以用函数去计算。当 $Y=f(X)$ 的形式是一个直线方程时，称为一元线性回归。这个方程一般可表示为 $Y=A+BX$。A 为截距，B 为系数。如图 2.3 所示，星点为样本值，直线为回归分析的函数式。那么，对于任何一个新的值，我们可以通过函数式得到想要的预测值。

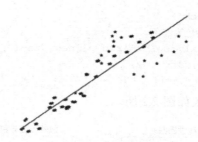

图 2.3　一元线性回归

线性回归是数据挖掘中的基础算法之一，从某种意义上来说，线性回归的思想其实就是解一组方程，得到回归函数。不过，在出现误差项之后，方程的解法就需要适当改变，一般使用最小二乘法进行计算。

3）sklearn 包中 linear_model.LinearRegression 的使用方法

sklearn 包对 Data Mining 的各类算法已经有了较好的封装，基本可以使用 fit、predict、score 来训练和评价模型，并使用模型进行预测。LinearRegression 已经实现了多元线性回归模型。当然，它也可以用来计算一元线性回归模型。

sklearn 包一直秉承"简洁为美"的思想来设计每一个分析方法。实例化的方式很简单，使用 clf = LinearRegression()就可以完成，但需要注意如下几个参数。

（1）fit_intercept：是否存在截距，默认存在。

（2）normalize：标准化开关，默认关闭。

例如，LinearRegression 中 fit(x, y, sample_weight=None)，x 和 y 以矩阵的方式传入，而 sample_weight 则是每个样本数据的权重，同样以 array 格式传入；predict(x)是预测方法，将返回预测值；score(x, y, sample_weight=None)是评分函数，将返回一个小于 1 的得分，也可能会小于 0。

LinearRegression 将方程分为两部分存放，coef_用于存放回归系数，intercept_则用于存放截距。

2.2.2　范围缩放

需要分析的数据中每个特征的数值范围可能变化很大。因此，将特征缩放到合理的范围是非常重要的。范围缩放（Scaling）后，所有的数据特征值都位于指定范围内。比如，我们可将日均票房、放映天数的范围缩放至[0,1]。

动一动

将日均票房、放映天数的范围缩放至[0,1]，即进行归一化（Normalized Data）处理。

- 步骤一：编写如下代码。

```
from sklearn.preprocessing import minmax_scale
df['日均票房/万元'] = minmax_scale(df['日均票房/万元'])
df['放映天数'] = minmax_scale(df['放映天数'])
df.head()
```

- 步骤二：查看日均票房与放映天数范围（最后两列）缩放后的数据，部分数据结果如图 2.4 所示。

	上映时间	闭映时间	票房/万元	放映天数	日均票房/万元
0	2015-03-27	2015-04-12	192.0	0.027778	0.002947
1	2015-07-10	2015-08-23	37900.8	0.805556	0.223090
2	2015-12-20	2016-01-31	9.8	0.750000	0.000015
3	2015-02-19	2015-04-06	74430.2	0.861111	0.419505
4	2015-07-03	2015-07-19	21.7	0.027778	0.000293

图 2.4　范围缩放后的部分数据结果

- 步骤三：运行代码，范围缩放后的一元线性回归分析结果如图 2.5 所示。

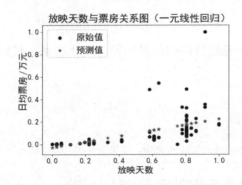

图 2.5　范围缩放后的一元线性回归分析结果

学一学

必须知道的知识点。

1）sklearn.preprocessing

sklearn 包中的 preprocessing 用于数据的预处理。

2）范围缩放的作用

很多时候，如果不对数据进行归一化处理，则会导致梯度下降复杂度增加或损失函数（Loss Function）只能选择线性，从而导致模型效果不佳。从经验上来说，对特征值进行归一化处理是让不同维度之间的特征在数值上有一定的比较性，可以大大提高数据分析的准确性。

preprocessing 包中的 scale()函数的默认参数如下。

```
scale(x, axis=0, with_mean=True, with_std=True, copy=True)
```

其中，参数 x 是进行标准化的数据，为数组或矩阵。当 axis=0 时，所有样本数据的每个特征（每列）服从标准正态分布，即均值为 0、方差为 1、默认值为 0；当 axis=1 时，每个样本的所有特征（每行）服从标准正态分布，即均值为 0、方差为 1。参数 with_mean 为布尔型，默认值为 True。参数 with_std 为布尔型，默认值为 True。

3）minmax_scale 的使用方法

规模化特征到一定的范围内，使得特征的分布在一个给定最小值和最大值的范围内。一般情况下是在[0,1]范围内，或者是特征中绝对值最大的那个数为 1，其他数以此标准分布在[-1,1]范围内。minmax_scale 给定了一个明确的最大值与最小值。

4）可视化回归结果

一元线性回归结果的可视化如图 2.6 所示。

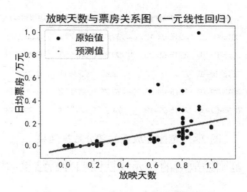

图 2.6　一元线性回归结果的可视化

图 2.6 显示了图 2.5 中一元线性回归的另一种可视化结果，代码如下。

```
# 定义 x 的最小值
x_min = x.values.min()- 0.1
# 定义 x 的最大值
x_max = x.values.max()+ 0.1

# 定义一个序列，最小值是 x_min，最大值是 x_max，步长是 0.005
step = 0.005
x_new = np.arange(x_min,x_max,step).reshape(-1, 1)
plt.title(u'放映天数与票房关系图（一元线性回归）')
plt.xlabel(u'放映天数')
plt.ylabel(u'日均票房/万元')
plt.scatter(x, y, color='black')
plt.scatter(x_new, regr.predict(x_new),s=1, color='red',linewidth=2)
plt.legend(['原始值','预测值'], loc = 2)
plt.show()
```

2.2.3　数据集的切分

在现实生活中，计算机没办法像人类一样认识事物，所以人类一直致力于这方面的研究，以提高计算机认知事物的能力。在机器学习领域，人们已经开发了许多方法以实现计算机的识别能力，比如支持向量机（Support Vector Machine，SVM）等，还有目前应用广泛且具有最高识别度的是深度学习。举个例子，假如我们需要识别一辆小汽车，那么我们就需要有大量的小汽车图片（训练数据），当有足够多的数据时，就可以进行机器学习了。而我们需要告诉计算机，这些数据都是小汽车。计算机通过算法知道什么是小汽车，其具备哪些特征。学习完成后，我们就可以放入已有的其他图片（测试数据），计算机会把这些图片作为输入数据，通过训练后进行判断，并告诉我们哪些是小汽车，哪些不是小汽车。

因此，一般将样本分成独立的三部分，分别为训练集（Training Set）、验证集（Validation Set）和测试集（Testing Set）。其中，训练集用于建立模型，简单来说就是通过训练集的数据确定拟合曲线的参数。验证集用来辅助模型构建，优化和确定最终的模型，即模型选择（Model Selection）。一般，验证集是可选的。而测试集则是用于检验最终选择的模型的性能的。

在实际应用中，一般只将数据集分成两类，即训练集和测试集。大多数应用并不涉及验证集，而是通过测试集来验证模型的准确性的。

本节主要介绍使用 sklearn 包中的方法将已有的数据划分为训练集和测试集，以及验证模型的精确率的方法。我们将用上述代码中所有的数据来进行训练。当然，我们可以将其中的一部分数据抽取出来作为测试集。假设我们需要随机抽取 80%的数据来进行训练，20%的数据来判断模型的准确性。这时，可利用 sklearn 包中的函数来实现数据集的切分。

动一动

以 8：2 拆分训练集与测试集。

- 步骤一：编写如下代码实现电影数据的拆分。

```
from sklearn.model_selection import train_test_split
# 拆分训练集和测试集
x_train, x_test,y_train, y_test=train_test_split(df[['放映天数']],df[['日均票房/万元']],train_size=0.8, test_size = 0.2)
```

- 步骤二：模型训练，代码如下。

```
# 建立线性回归模型
regr = linear_model.LinearRegression()
# 拟合
regr.fit(x_train, y_train)
```

- 步骤三：模型使用，代码如下。

```
# 给出测试集的预测结果
y_pred = regr.predict(x_test)
```

- 步骤四：预测结果的评估与可视化，代码如下。

```
plt.title(u'预测值与测试值比较（一元线性回归）')
plt.ylabel(u'日均票房/万元')
# 画出预测值折线
plt.plot(range(len(y_pred)),y_pred,'red', linewidth=2.5,label="预测值" ,
linestyle='--')
# 显示测试值折线
plt.plot(range(len(y_test)),y_test,'green',label="测试值")
plt.legend(loc=2)
# 显示预测值与测试值折线图
plt.show()
```

- 步骤五：运行代码，结果如图 2.7 所示，其中，横坐标表示数据项的编号。该图主要用于数据结果的对比，即查看预测值与测试值（实际值）的一个对比。

如图 2.7（a）、（b）中所示的结果，使用的测试集是随机抽取的，因此，两者的测试数据不同。同样地，训练数据不同，训练出的模型也不同。显然，同样的分析方法，预测结果的精确率也有所不同。我们不禁会想，如何用一个模型来准确地度量现实生活中的数据，又有哪些指标项可以评估一个模型的优劣？这些问题留待后面的项目中慢慢讲述。图 2.7 中两条不同颜色线的距离表示预测值与实际值的差值，距离越远，说明预测结果越不精确。

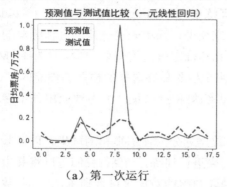 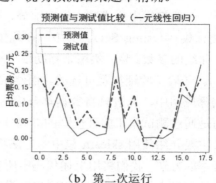

（a）第一次运行　　　　　　　　　　　　（b）第二次运行

图 2.7　训练集对结果的影响

学一学

必须知道的知识点。

sklearn 包中 train_test_split() 函数的作用。

train_test_split() 是在 sklearn.cross_validation 模块中用来随机划分训练集和测试集，并返回划分好的训练集、测试集样本和训练集、测试集标签的函数。train_test_split() 是交叉验证中常用的函数，功能是从样本中随机按比例选取 train data 和 test data，形式如下。

```
sklearn.model_selection.train_test_split
        (*arrays, **options)
```

train_test_split() 函数的主要参数说明如表 2.1 所示。

表 2.1　train_test_split() 函数的主要参数说明

序号	参数名	类型	默认值	作用
1	test_size	浮点型、整型或 None	None	测试样本占比，若是整型的话就是样本的数量；若为 None 时，test_size 自动设置成 0.25
2	train_size	浮点型、整型或 None	None	训练样本占比，若是整型的话就是样本的数量；若为 None 时，train_size 自动设置成 0.75
3	random_state	整型、RandomState 实例或 None	None	随机数的种子。若为 None 时，每次生成的数据都是随机的，可能不一样；若为整型时，每次生成的数据都相同

需要注意 random_state 参数。随机数种子其实就是该组随机数的编号，在需要重复进行试验的时候，用于保证得到一组一样的随机数。每次都填 1，在其他参数一样的情况下，得到的随机数是一样的；填 0 或不填，每次都会不一样。随机数的产生取决于种子，随机数和种子之间的关系遵循两个规则：种子不同，产生不同的随机数；种子相同，即使实例不同也会产生相同的随机数，使得结果可以重复出现。

2.3 使用多项式回归分析电影票房数据

线性回归模型有一个主要的局限性：它只能把输入数据拟合成直线。而多项式回归模型可通过拟合多项式方程来克服这个问题，从而提高模型的精确率。

动一动

根据放映天数，使用多项式回归分析和预测电影日均票房。

- 步骤一：应用多项式回归分析和预测电影日均票房，并比较与线性回归的不同，代码如下。

```python
from sklearn.preprocessing import PolynomialFeatures
x = df[['放映天数']]
y = df[['日均票房/万元']]
# 初始化一元线性回归模型
regr = linear_model.LinearRegression()
# 一元线性回归模型拟合
regr.fit(x, y)

# 初始化多项式回归模型
polymodel = linear_model.LinearRegression()
poly = PolynomialFeatures(degree = 3)
xt = poly.fit_transform(x)
# 多项式回归模型拟合
polymodel.fit(xt, y)

plt.title('放映天数与票房关系图（线性回归与多项式回归）')
plt.xlabel('放映天数')
plt.ylabel('日均票房/万元')
plt.scatter(x, y, color='black' , label = "原始数据")
plt.scatter(x, regr.predict(x), color='red',linewidth=1,label="线性回归", marker = '*')
plt.scatter(x, polymodel.predict(xt), color='blue',linewidth=1,label="多项式回归",
marker = '^')
plt.legend(loc=2)
plt.show()
```

- 步骤二：运行程序，结果如图 2.8 所示。
- 步骤三：从感观上说一说线性回归与多项式回归的优势与劣势。
- 步骤四：归一化与可视化进阶，结果如图 2.9 所示。

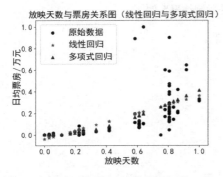

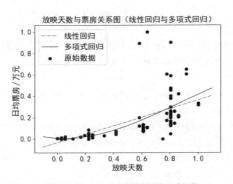

图 2.8 多项式回归分析结果的可视化（一）　　图 2.9 多项式回归分析结果的可视化（二）

可视化的参考代码如下。

```
plt.title('放映天数与票房关系图（线性回归与多项式回归）')
plt.xlabel('放映天数')
plt.ylabel('日均票房/万元')

x_min = x.values.min()- 0.1
x_max = x.values.max()+ 0.1
# 定义一个一列的数组，最小值是 x_min，最大值是 x_max，步长是 0.005
x_new = np.arange(x_min,x_max,0.005).reshape(-1, 1)
xt_new = poly.fit_transform(x_new)
# 画出原始数据
plt.scatter(x, y, color='black', label = "原始数据")
# 一元线性回归模型结果的可视化
plt.scatter(x_new, regr.predict(x_new), color='red', s=2,linewidth=1,label="线性回归")
# 多项式回归模型结果的可视化
plt.scatter(x_new, polymodel.predict(xt_new),s=2, color='blue',linewidth=1,label="多项式回归")
# 在左上角显示图例
plt.legend(loc=2)
plt.show()
```

想一想

修改 degree 的取值，分析其变化，并说明 degree 的作用。不同取值的 degree 的预测结果示例如图 2.10 所示。

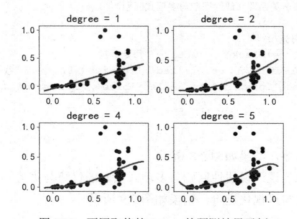

图 2.10　不同取值的 degree 的预测结果示例

degree 的取值为 1 的代码如下，其他取值以此类推。

```
poly1 = PolynomialFeatures(degree = 1)
xt1 = poly1.fit_transform(x)
polymodel1 = linear_model.LinearRegression()
polymodel1.fit(xt1, y)
x_new = np.arange(x_min,x_max,0.005).reshape(-1, 1)
xt_new1 = poly1.fit_transform(x_new)
fig = plt.figure()
degree1 = fig.add_subplot(2,2,1)
degree1.scatter(x, y, color='black')
```

```
degree1.scatter(x_new, polymodel1.predict(xt_new1), s=2, color='green',linewidth=1)
degree1.set_title('degree = 1')
plt.show()
```

可以使用循环语句精简代码，展现 4 个子图，参考代码如下。

```
fig = plt.figure()
for i in range(4):
    poly = PolynomialFeatures(degree = i+1)
    xt = poly.fit_transform(x)
    polymodel = linear_model.LinearRegression()
    polymodel.fit(xt, y)
    x_new = np.arange(x_min,x_max,0.005).reshape(-1, 1)
    xt_new = poly.fit_transform(x_new)
    degree = fig.add_subplot(2, 2, i+1)
    degree.scatter(x, y, color='black')
    degree.scatter(x_new, polymodel.predict(xt_new), s=1, color='blue',linewidth=1)
    degree.set_title('degree = ' + str(i+1))
plt.show()
```

📖 学一学

必须知道的知识点。

1）认识多项式回归

研究一个因变量与一个或多个自变量之间多项式的回归分析方法，称为多项式回归。多项式回归模型也可以是线性回归模型的一种，此时，回归函数关于回归系数是线性的。由于任意函数都可以用多项式去逼近，因此多项式回归有着广泛应用。

2）sklearn 包中多项式回归的 PolynomialFeatures()函数

PolynomialFeatures()可以理解为专门生成多项式特征的函数。其生成的多项式包含的是相互影响的特征集。比如，一个输入样本是二维的，形式如[a,b]，则二阶多项式的特征集为 $[1,a,b,a^2,ab,b^2]$。示例代码如下。

```
PolynomialFeatures(degree=2, interaction_only=False, include_bias=True)
```

其中，参数 degree 的类型是整型，表示多项式阶数，默认值为 2；参数 interaction_only 是布尔型，默认值为 False，如果它的值为 True，则会产生相互影响的特征集；参数 include_bias 是布尔型，表示是否包含偏差列。

2.4　使用多元线性回归分析电影票房数据

事实上，一种现象常常是与多个因素相联系的，由多个自变量的最优组合共同来预测或估计因变量，比只用一个自变量进行预测或估计更有效，更符合实际。因此多元线性回归比一元线性回归的实用价值更大。在回归分析中，如果有两个或两个以上的自变量，则称为多元回归。

在电影产业中，一个电影的评分可能与多个因素相关。假设评分与电影日均票房、放映天数、电影类型（此处我们仅关注是否为爱情片）等因素有关，就需要用多元线性回归对评分进行相关分析与预测。

✍ 动一动

根据电影日均票房、放映天数、电影类型（是否为爱情片），使用多元线性回归模型来分析与预测电影评分。

- 步骤一：数据准备，从文件中读入数据，并整理需要的数据源。示例代码如下。

```
# 读入数据
df = pd.read_csv('film.txt', delimiter=';')
df =df[['影片类型','上映时间','闭映时间', '票房/万元','评分']]
# 数据清洗
df = df.dropna()
df = df.drop_duplicates()
# 数据整理
df['上映时间'] = pd.to_datetime(df['上映时间'])
df['闭映时间'] = pd.to_datetime(df['闭映时间'])
df['放映天数'] =(df['闭映时间'] - df['上映时间']).dt.days + 1
df['票房/万元'] = df['票房/万元'].astype(float64)
df['日均票房/万元'] = df['票房/万元']/df['放映天数']
df['评分'] = df['评分'].astype(float64)
df['是否为爱情片']= df['影片类型'].str.contains('爱情').astype(str)
name_to_type = {'True':'1','False':'0'};
df['影片类型（爱情）']=df['是否为爱情片'].map(name_to_type);
df.head()
```

多元线性回归模型的数据源如图 2.11 所示。

	影片类型	上映时间	闭映时间	票房/万元	评分	放映天数	日均票房/万元	是否为爱情片	影片类型（爱情）
1	爱情/动作/喜剧	2015-03-27	2015-04-12	192.0	4.5	17	11.294118	True	1
2	青春, 校园, 爱情	2015-07-10	2015-08-23	37900.8	4.0	45	842.240000	True	1
3	爱情 励志 喜剧	2015-12-20	2016-01-31	9.8	2.5	43	0.227907	True	1
4	动作, 古装, 剧情, 历史	2015-02-19	2015-04-06	74430.2	5.9	47	1583.621277	False	0
5	都市浪漫爱情喜剧	2015-07-03	2015-07-19	21.7	2.9	17	1.276471	True	1

图 2.11 多元线性回归模型的数据源

- 步骤二：编写如下代码实现多元线性回归的分析。

```
# 拆分训练集和测试集
x_train, x_test,y_train, y_test=train_test_split(df[['影片类型（爱情）','放映天数','日均
票房/万元']],df[['评分']],train_size=0.8, test_size=0.2)


# 建立线性回归模型
regr = linear_model.LinearRegression()
# 数据拟合
regr.fit(x_train, y_train)


# 系数、截距
print('系数:',regr.coef_)
print('截距:',regr.intercept_)


# 用 regr 对 x_test 数据集进行预测，并将返回的结果赋给 y_pred
y_pred = regr.predict(x_test)


plt.plot(range(len(y_pred)),y_pred,'red', linewidth=2.5,label=u"预测值",linestyle=
'--')
```

```
plt.plot(range(len(y_test)),y_test,'green',label=u"测试值")
plt.legend(loc=2)
plt.ylabel('评分')
# 显示预测值与测试值曲线
plt.show()
```

● 步骤三：运行代码，结果如图 2.12 所示，其中，横坐标表示数据项的编号。

```
系数: [[-1.93644687e+00 -1.29725765e-02 4.03645528e-04]]
截距: [6.50362603]
```

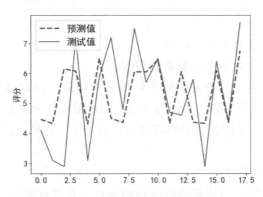

图 2.12　多元线性回归的分析结果

学一学

必须知道的知识点。

1）多元线性回归

多元线性回归的基本原理和基本计算过程与一元线性回归相同，但由于自变量个数多，不同变量的单位处理就显得更为重要。例如，在一个消费水平的关系式中，教育程度、职业、地区、家庭负担等因素都会影响消费水平，而这些影响因素（自变量）的单位显然是不同的，需要将各个自变量的单位进行统一。前面学到的归一化处理就有这个功能，具体地说，就是将所有变量包括因变量都先转化到一个范围区间，再进行线性回归。

2）sklearn 包中 LabelEncoder()标记编码的使用（标签映射）

在数据分析中，经常需要处理各种各样的标记。这些标记可能是数字，也可能是有意义的单词、文字等。如果是数字，算法可以直接使用它们。但是，在多数情况下，标记通常会以有意义、人们可以理解的形式存在于原数据集中。比如，电影的类型数据为爱情、动作等。标记编码的作用是把这些文字转换成数值形式，让算法懂得如何操作标记。

sklearn.preprocessing.LabelEncoder()为标准化标签，将标签值统一转换为从 0 到标签值个数减 1 范围内的数值。简单来说，LabelEncoder()是用于对不连续的数字或文本进行编号的。那么，可以对上述映射的复杂代码进行简化。LabelEncoder()标记编码转换的使用代码如下。

```
from sklearn import preprocessing

# 对电影类型进行数值化处理
le = preprocessing.LabelEncoder()
new_df['影片类型（爱情）'] = le.fit_transform(new_df['是否为爱情片'])
```

转换后的电影类型编码数据（已框出）如图 2.13 所示。

	影片类型	是否为爱情片	影片类型（爱情）	放映天数	日均票房/万元	评分
1	爱情/动作/喜剧	True	1	17	11.294118	4.5
2	青春，校园，爱情	True	1	45	842.240000	4.0
3	爱情 励志 喜剧	True	1	43	0.227907	2.5
4	动作，古装，剧情，历史	False	0	47	1583.621277	5.9
5	都市浪漫爱情喜剧	True	1	17	1.276471	2.9

图 2.13　转换后的电影类型编码数据

🌱 **想一想**

结合上述预测结果，思考下面的问题。

（1）自变量数值的单位大小对结果是否有影响？

在电影分析数据中，各个自变量的单位显然是不同的，因此自变量前系数的大小并不能说明该因素的重要程度，简单来说，同样为票房，如果用元作单位就比用万元作单位所得的回归系数要小，但是票房水平对评分的影响程度并没有变。一般地，会将各个自变量变为统一的单位，即进行归一化处理。

（2）如何提升预测精确率？

从先验知识入手，试想可否从其他维度预测评分，并进行实践。

（3）回归模型适用于哪些情境？

（4）试分析，如果让你去投拍电影，你会选择投拍什么样的电影。

2.5　理解回归分析方法

相关分析研究的是现象之间是否相关、相关的方向和密切程度，一般两者之间并不区别自变量或因变量。而回归分析则要分析现象之间相关的具体形式，确定其因果关系，并用数学模型来表现其具体关系，其应用十分广泛。

例如，从相关分析中可知"质量"和"用户满意度"变量密切相关，但是这两个变量之间到底是哪个变量受哪个变量的影响，影响程度如何，则需要通过回归分析方法来确定。

一般地，回归分析通过规定因变量和自变量来确定变量之间的因果关系，建立回归模型，并根据实测数据来求解模型的各个参数，然后评价回归模型是否能够很好地拟合实测数据。如果能够很好地拟合，则可以根据自变量做进一步预测。

例如，如果要研究"质量"和"用户满意度"之间的因果关系，从实践意义上讲，产品质量会影响用户的满意度，因此设"用户满意度"为因变量，记为 Y；设"质量"为自变量，记为 X，可以建立下面的线性关系：

$$Y = A + BX + C$$

式中，A 和 B 为待定参数，A 为回归直线的截距，B 为回归直线的斜率，表示当 X 变化一个单位时，Y 的平均变化情况，C 为依赖于用户满意度的随机误差项。

在回归分析中，只包括一个自变量和一个因变量，且两者的关系可用一条直线近似表示，这种回归分析称为一元线性回归；如果回归分析中包括两个或两个以上的自变量，且因变量和自变量之间是线性关系，则称为多元线性回归。

回归分析方法具有以下优点。

（1）建立了两组变量之间的线性因果关系，使分析过程更加简单和方便。

（2）运用回归模型，只要采用的模型和数据相同，则通过标准的统计方法就可以计算出唯一的结果，但在图和表的形式中，数据之间关系的解释往往因人而异，不同分析者画出的拟合曲线有可能是不一样的。

（3）回归分析可以准确地计量各个因素之间的相关程度与回归拟合程度的高低，从而提高预测方程式的效果；在进行回归分析时，由于实际中一个变量仅受单个因素影响的情况极少，所以要注意一元线性回归的适用范围。当应用中，确实存在一个变量，它对因变量的影响明显高于其他因素时，则可选择一元线性回归分析方法。而多元线性回归分析方法比较适用于因变量受多因素综合影响的情况。

回归分析具有简单、易用性等特点，所以在很多领域都有相关应用。

1）数学

在数学领域中，线性回归有很多实际用途，分为以下两大类。

如果目标是预测或映射，线性回归可以用来对观测数据集 X 拟合出一个预测模型。当完成这样一个模型以后，对于一个新增的输入值，在没有给定与它相对应的输出的情况下，可以用这个拟合过的模型预测出一个输出值。

给定一个因变量 Y 和一些自变量 $X_1, X_2, …, X_p$，这些变量有可能与 Y 相关，线性回归可以用来量化 Y 与 X_j 之间相关性的强度，评估出与 Y 不相关的 X_j，并识别出哪些 X_j 的子集包含了关于 Y 的冗余信息。

2）医学

吸烟对死亡率和发病率的影响分析采用了回归分析的观察性研究。为了在分析观测数据时减少伪相关，除了最感兴趣的变量，通常研究者还会在他们的回归模型里包括一些额外变量。例如，假设存在一个回归模型，在这个回归模型中吸烟行为是我们最感兴趣的独立变量，其相关变量是经数年观察得到的吸烟者寿命。研究者可能将社会经济地位当成一个额外的独立变量。当可控试验不可行时，回归分析的衍生方法，如工具变量回归，可用来估计观测数据的因果关系。

3）金融

一条趋势线代表着时间序列数据的长期走势。它告诉我们一组特定数据（如 GDP、石油价格和股票价格）是否在一段时期内增长或下降。虽然我们可以用肉眼观察数据点在对应坐标系的位置，大致画出趋势线，但更恰当的方法是利用回归分析计算出趋势线的位置和斜率。

4）经济学

回归分析也是经济学的主要实证工具。例如，它可以用来预测消费支出、固定投资支出、商品投资、进口支出等。

但回归分析方法也存在缺点。在回归分析中，选用何种因子和该因子采用何种表达式只是一种推测，这影响了因子的多样性和某些因子的不可测性，忽略了交互效应和非线性的因果关系，使得回归分析在某些应用中受到限制。

📖 **读一读**

回归是由英国著名生物学家兼统计学家高尔顿（Galton）在研究人类遗传问题时提出来的。为了研究父代与子代身高的关系，高尔顿搜集了 1078 对父亲及其儿子的身高数据。他发现这些数据的散点图大致呈直线状态，也就是说，总的趋势是父亲的身高增加时，儿子的身高也倾向于增加。但是，高尔顿对试验数据进行了深入的分析，发现了一个很有趣的现象，称为回归效应。因为当父亲的身高高于平均身高时，他们的儿子的身高比他更高的概率要小于比他更矮的概率；而当父亲的身高矮于平均身高时，他们的儿子的身高比他更矮的概率要小于比他更高的概率。回归效应反映了一个规律，即对于具有这两种身高的父亲，他们的儿子的身高有向他们父辈的平均身高回归的趋势。对于这个一般结论的解释是大自然具有一种约束力，使人类身高的分布相对稳定而不产生两极分化，这就是所谓的回归效应。

2.6 课堂实训：工龄与工资相关性分析

【实训目的】

通过本次实训，要求学生初步掌握数据分析的过程和 Python 数据分析常用包（Pandas、NumPy、Matplotlib）的使用方法，并掌握 sklearn 包中对于数据集划分、数据预处理、回归分析方法的使用。

【实训环境】

PyCharm、Python 3.7、Pandas、NumPy、Matplotlib、sklearn。

【实训内容】

一个完整、充分的数据分析方法的使用过程主要包括以下步骤。

- 收集/观察数据。
- 探索和准备数据。
- 基于数据训练模型。
- 评估模型的性能。
- 提高模型的性能。

在接下来的实训中，将按照以上步骤对数据进行分析与预测。

【实训一：应用拓展】

工龄与工资的相关性分析。

（1）已知 salary.csv 文件中存储了工龄与工资数据，使用一元线性回归实现工资预测，如图 2.14 所示。

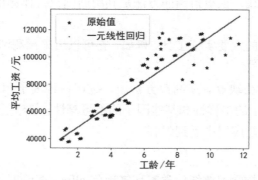

图 2.14　工龄与工资的一元线性回归分析

使用一元线性回归进行分析的参考代码如下。

```
#coding=utf-8
import matplotlib.pyplot as plt
import pandas as pd
import numpy as np
from sklearn import linear_model
from sklearn.preprocessing import PolynomialFeatures
plt.rcParams['font.sans-serif']=['SimHei']
plt.rcParams['axes.unicode_minus'] = False

# 数据读取
sa = pd.read_csv("salary.csv",delimiter=",")
sa= sa.dropna(0)
# 数据清洗
sa = sa.loc[(sa["Year"]<12)&(sa["Salary"]<120000)]
x = sa[["Year"]]
y = sa[["Salary"]]
# 初始化线性回归模型
regr = linear_model.LinearRegression()
# 拟合
regr.fit(x,y)

x_min = x.values.min()- 0.1
x_max = x.values.max()+ 0.1
x_new = np.arange(x_min,x_max,0.05).reshape(-1, 1)

plt.xlabel('工龄/年')
plt.ylabel('平均工资/元')
plt.scatter(x,y,color = "blue",linewidths=1,edgecolor='k',label = "原始值")
plt.scatter(x_new,regr.predict(x_new),s=2,color = "red",linewidths=1,label = "一元线性回归")
plt.legend(loc=2)
b1 = plt.show()
```

（2）使用多项式回归实现工资预测，令参数 degree =3，结果如图 2.15 所示。

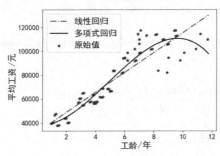

图 2.15　工龄与工资的多项式回归分析

参考代码如下（数据准备的代码与上述一元线性回归的代码相同，此处已省略）。

```
poly = PolynomialFeatures(degree=3)  # 3 次多项式特征生成器
xt = poly.fit_transform(x)
polymodel = linear_model.LinearRegression()

polymodel.fit(xt,y)

x_min = x.values.min()- 0.1
x_max = x.values.max()+ 0.1
x_new = np.arange(x_min,x_max,0.05).reshape(-1, 1)
xt_new = poly.fit_transform(x_new)

plt.xlabel(u'工龄/年')
plt.ylabel(u'平均工资/元')
plt.scatter(x,y,color = "blue",linewidths=1,label = "原始值",marker = "*")
plt.plot(x_new,regr.predict(x_new),linestyle='-.',color = "red",linewidth=2,label = "
线性回归")
plt.plot(x_new,polymodel.predict(xt_new), color = "black",label = "多项式回归
",linewidth=2,)
plt.legend(loc=2)   # 左上角显示图例
b1 = plt.show()
```

（3）数据集切分：将工资数据集切分为训练集与测试集，比例为 70% 与 30%。试比较一元线性回归与多项式回归的预测精确率。结果如图 2.16 所示。

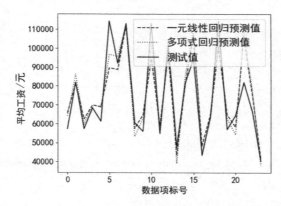

图 2.16　一元线性回归与多项式回归的预测精确率对比

核心代码如下。

```
from sklearn.model_selection import train_test_split

x_train, x_test,y_train, y_test=train_test_split(sa[['Year']],sa[['Salary']],
train_size=0.7,test_size = 0.3)
# 建立线性回归模型
regr = linear_model.LinearRegression()
# 拟合
regr.fit(x_train, y_train)
y_pred1 = regr.predict(x_test)

poly = PolynomialFeatures(degree=3)
```

```
xt_train = poly.fit_transform(x_train)
polymodel = linear_model.LinearRegression()
polymodel.fit(xt_train,y_train)
xt_test = poly.fit_transform(x_test)
y_pred2 = polymodel.predict(xt_test)

plt.plot(range(len(y_pred1)),y_pred1,'blue',label="一元线性回归预测值")
plt.plot(range(len(y_pred2)),y_pred2,'red',label="多项式回归预测值")
plt.plot(range(len(y_test)),y_test,'black',label="测试值")
plt.legend(loc=3)
# 显示预测值与测试值曲线
plt.show()
```

（4）对工资和工龄进行范围缩放，使数值处于[0, 1]之间（归一化处理）。

（5）使用多项式回归进行分析，当给 degree 赋予不同的值时，试比较结果有何区别，然后查一查并回答什么是过拟合。

（6）根据性能、结果的精确率进行评估并比较线性回归与多项式回归的优劣。

（7）观察训练集对预测结果精确率的影响程度，谈谈数据集大小对结果的影响程度。

（8）生活中的哪些场景还可以使用一元线性回归进行分析与预测？

【实训二：拓展实训】

电影数据分析。

（1）多项式回归进阶分析。

针对 2.3 节中的结果，对参数进行调整，提高预测精确率。

（2）多元线性回归进阶分析。

在 2.4 节中使用多元线性回归时，主要分析了电影日均票房、放映天数、电影类型与电影评分的相关性。读者可以尝试分析导演、演员等因素对电影评分的影响，看能否找到更合适的评分预测模型。

2.7 练习题

1．读取 CSV 文件中的数据用（   ）包。

    A．sklearn   B．Matplotlib   C．Pandas   D．pylab

2．在进行一元线性回归分析时，需要引入（   ）包。

    A．Pandas   B．matplotlib.pyplot

    C．pylab   D．sklearn

3．变量之间的关系可以分为（   ）两大类。

    A．函数关系与相关关系   B．线性相关关系和非线性相关关系

    C．正相关关系和负相关关系   D．简单相关关系和复杂相关关系

4．相关关系是指（   ）。

    A．变量间的非独立关系   B．变量间的因果关系

    C．变量间的函数关系   D．变量间不确定性的依存关系

5．LineaRegression 将训练好的模型分为_____部分进行存放，_____和

_____。

6．sklearn 包中的 preprocessing 主要用于_____。（作用）

7．LineaRegression 类中的调用方法为 fit(x, y, sample_weight=None)，传入的参数 x、y 和 sample_weight 分别是_____、_____和_____类型。

8．在多项式回归中，degree 有什么作用？

9．谈一谈多项式回归中的过拟合现象。

10．代码中的 mpl.rcParams['font.sans-serif'] = ['SimHei'] 有什么作用？

11．为什么需要对输入数据进行归一化处理，或者说，进行归一化处理有什么好处？

12．异常值是指什么？请至少列举一种识别连续型变量异常值的方法。

【参考答案】

1．C。

2．D。

3．A。

4．D。

5．LineaRegression 将训练好的模型分为两部分进行存放，coef_用于存放回归系数和 intercept_用于存放截距。

6．sklearn 包中的 preprocessing 主要用于数据预处理。（作用）

7．LineaRegression 类中的调用方法为 fit(x, y, sample_weight=None)，传入的参数 x、y 和 sample_weight 分别是矩阵、矩阵和数组 array 类型。

8．多项式的最高次数，degree 数值越大，拟合度越高，但复杂度也越高。

9．多项式方程的次方数越大，对数据的拟合度就越好。但增加多项式的次方数也会增加模型的复杂度。如果模型的载荷过高可能会导致过拟合。在这种情况下，模型会变得非常复杂，与训练数据拟合得很好，但是，在新的数据上表现很差。而机器学习的目标不仅仅是创建一个在训练数据上表现强劲的模型，还期望模型在新的数据样本上的表现同样出色。在 degree 的选择上，需要根据情况进行选择，以防止过拟合的现象产生。

10．设置图表中文显示的字体。

11．原因在于机器学习的本质就是为了学习数据分布，一旦训练数据与测试数据的分布不同，那么模型的泛化能力也会大大降低，所以需要对输入数据进行归一化处理，从而使训练数据与测试数据的分布相同。

12．异常值是指样本中的个别值，其数值明显偏离所属样本的其余观测值。在数理统计中一般是指一组观测值中与平均值的偏差超过两倍标准差的测定值。Grubbs' test（是以 Frank E.Grubbs 命名的），又叫作 maximumnormed residual test，是一种用于单变量数据集异常值识别的统计检测，它假定数据集来自正态分布的总体。具体识别方法有 t 检验法、格拉布斯检验法、峰度检验法、狄克逊检验法、偏度检验法。

数据的爬取

- 了解获取外部数据的方法，特别是网络在线数据的获取。
- 了解爬虫的概念及其应用，掌握爬虫的数据爬取过程。
- 掌握网络爬虫的实现方法及定时数据爬取的方法。
- 了解 Python 中用于网页数据爬取的常用包：requests、BeautifulSoup 和 scrapy 等。
- 掌握直方图 hist 的使用方法。

3.1 背景知识

数据获取的途径可以是互联网，通过网络爬虫可以爬取互联网中的各项实时数据。那么，什么是爬虫？如果我们把互联网比作一张大的蜘蛛网，数据便是存放于蜘蛛网中的各个节点，而爬虫就是一只小蜘蛛。蜘蛛沿着蜘蛛网爬取自己的猎物，而爬虫则沿着用户设计的路径爬取数据。网络爬虫也叫作网络蜘蛛（Web spider），是一种用来自动浏览万维网的网络机器人。网络爬虫可以将自己所访问的页面保存下来，以便搜索引擎事后生成索引供用户搜索，其目的是编纂网络索引。网络搜索引擎等站点通过爬虫软件更新自身的网站内容或站点对其他网站的索引。

用户通过浏览器提交请求→下载网页代码→解析成页面的方式来完成数据的下载与浏览。爬虫模拟浏览器发送请求获取网页代码，从中提取有用的数据存放于数据库或文件中。爬虫爬取数据的请求过程如图 3.1 所示。

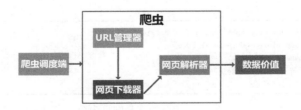

图 3.1　爬虫爬取数据的请求过程

爬虫具体可以做什么？利用爬虫可以做一些有趣的事，例如，爬取古诗文；爬取电商数据（如意淘、惠惠购物助手、西贴、购物党）；爬取社会化媒体数据；爬取金融数据进行量化分析；爬取新闻数据进行舆情、文章聚合；等等。这取决于我们的需求及对问题的理解。

然而，爬虫爬取的数据可能是杂乱无章的。比如股票数据，可能爬取下来只是一些很乱的数据，具体是涨是跌，看不出明确的意义。想要将这些数据转化为有用的信息，则需要进行数据的整理与解析。详细的数据应用过程如图 3.2 所示。

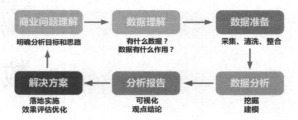

图 3.2　详细的数据应用过程

在本项目中，我们从最简单的网络数据一次爬取、定时爬取热门电影数据开始，最后实现房屋租赁数据的采集、清洗、分析和展现。

3.2　电影数据的爬取

3.2.1　网络数据一次爬取

✏️ **动一动**

从网页中爬取数据，假设爬取的数据的 URL 为 https://www.***.com。

- 步骤一：准备环境，添加并配置 urllib 包。
- 步骤二：编写如下代码。

```python
# 导入包
import urllib
import urllib.request
# 向网页 https://www.***.com 发起请求
stream = urllib.request.urlopen('https://www.***.com')
content = stream.read()
# 打印 utf-8 解码后的内容
print(content.decode('utf-8'))
```

- 步骤三：将对应的 URL "https://www.***.com" 置入对应的网址，运行代码，部分结果如图 3.3 所示。

```
<meta http-equiv="content-type" content="text/html;charset=utf-8">
<meta http-equiv="X-UA-Compatible" content="IE=Edge">
<meta content="always" name="referrer">
<meta name="theme-color" content="#2932e1">
<link rel="shortcut icon" href="/favicon.ico" type="image/x-icon" />
```

图 3.3　爬取的部分网页内容

📖 **学一学**

必须知道的知识点。

1）urlopen()函数

urllib 包从指定的 URL 获取网页数据，然后对其进行分析处理，获取想要的数据。其中，urlopen()函数创建了一个表示远程 URL 的类文件对象，然后像操作本地文件一样操作这个类文件对象来获取远程数据。其格式如下。

```
urlopen(
        url, [data=None, proxies=None]
        )
```

urlopen()函数的参数说明如下。

- url：表示远程数据的路径，一般是网址。
- data：表示以 POST 方式提交到 URL 的数据。
- proxies：用于设置代理。

urlopen()函数返回一个类文件对象，可以使用 read()、readline()、readlines()、fileno()、close() 等函数读取内容。

然而，urlopen()函数不能伪装成一个浏览器，所以对数据获取造成了诸多不便。下面介绍一种可以伪装成一个浏览器的访问方法。

2）Request 对象

HTTP 是基于请求和应答的机制，即客户端提出请求，服务器端提供应答。urllib 包用一个 Request 对象来映射提出的 HTTP 请求，格式如下。

```
urllib.request.Request
        (url, data=None, headers={}, origin_req_host=None,
        unverifiable=False, method=None)
```

Request 对象的参数说明如表 3.1 所示。

表 3.1 Request 对象的参数说明

序　　号	参　数　名	参　数　类　型	默　认　值	作　　　　用
1	url	字符串		用于设置请求 URL，是必填项
2	data	字节流	None	
3	headers	字典	Python-urllib	用于设置请求头，最常见的用法就是通过修改 User-Agent 头来伪装成浏览器
4	origin_req_host	请求方的 host 名称或 IP 地址	None	请求原始的主机交易
5	unverifiable	布尔型	False	表示请求是否可验证。False 表示用户没有足够的权限来选择接收请求的结果
6	method	字符串		用来指示请求使用的方法，比如 GET、POST 或 PUT 等

然而，一些站点对页面进行了设置，使得页面不能被程序（非人为）访问，或者不能发送不同版本的内容至不同的请求者。如果 urllib 包不做任何头部信息的设置，则默认以 "Python-urllib/x.y" 访问。那么，此时请求的访问可能会被服务器拒绝访问（即报 403 Forbidden 错误）。在 "Python-urllib/x.y" 中，x 和 y 分别是 Python 的主版本号和次版本号，如 Python-urllib/3.6，表示 Python 的版本为 3.6。

一般地，当浏览器访问网站时，通过 User-Agent 头来辨别自己的身份。因此，通过设置 headers 参数，Python 可以把自身模拟成不同的浏览器，实现人为式的访问。代码 headers={'User-Agent' : "Magic Browser"}，即表示 Python 将以 Magic Browser 浏览器的身份访问网页。

对应地，上述访问代码可以修改为如下代码。

```
import urllib
import urllib.request
url = 'https://www.***.com'
# 模拟 Magic Browser 浏览器向服务器发起请求
rqt = urllib.request.Request(url, headers={'User-Agent':"Magic Browser"})
# 打开请求访问的网页
webpage= urllib.request.urlopen(rqt)
# 从网页中读取数据
content = webpage.read()
print(content.decode('utf-8'))
```

页面返回结果如图 3.4 所示。

```
<!DOCTYPE html>
<html class=""><!--STATUS OK--><head><meta name="referrer" content="always" /><meta charset='utf-8' /><meta name="v
iewport" content="width=device-width,minimum-scale=1.0,maximum-scale=1.0,user-scalable=no"/><meta http-equiv="x-dns
-prefetch-control" content="on"><link rel="dns-prefetch" href="//m.***.com"><link rel="shortcut icon" href="htt
p://sm.bdimg.com/static/wiseindex/img/favicon64.ico" type="image/x-icon"><link rel="apple-touch-icon-precomposed" h
ref="http://sm.bdimg.com/static/wiseindex/img/screen_icon_new.png"/><meta name="format-detection" content="telephon
e=no"/><noscript><style type="text/css">#page{display:none;}</style><meta http-equiv="refresh" content="0; URL=htt
p://m.baidu.com/?cip=223.93.159.254&amp;baiduid=32B0CA794710D38B3C519CF7EC7B525E&amp;from=844b&amp;vit=fps?from=844
b&amp;vit=fps&amp;index=&amp;ssid=0&amp;bd_page_type=1&amp;logid=8550810199400934038&pu=sz%401321_480&t_noscript=ju
mp" /></noscript><title>百度一下</title><script>window._performanceTimings=[['firstLine',+new Date()]];</script><sty
```

图 3.4　页面返回结果

✐ 练一练

从网页 http://movie.***.com/中爬取"热门电影"列表数据。

- 步骤一：通过浏览器访问页面，查看热门电影部分对应的源码。需要获取的热门电影示例如图 3.5 所示。

图 3.5　需要获取的热门电影示例

- 步骤二：编写代码，获取网页数据。参考代码如下。

```
#!/usr/bin/Python
# -*- coding: UTF-8 -*-
# 导入包
import urllib
import urllib.request

url='http://movie.***.com/'
# 模拟 Magic Browser 浏览器向服务器发起请求
req = urllib.request.Request(url, headers={'User-Agent':"Magic Browser"})
# 向网页发起请求
webpage = urllib.request.urlopen(req)
```

```
strw = webpage.read()
strw = strw.decode('utf-8')
# 打印 utf-8 解码后的内容
print(strw)
```

- 步骤三：运行代码，返回页面结果。
- 步骤四：解析网页文件。

从爬取的内容中，可以找到某一部热门电影对应的网页数据源码结构部分。如下代码显示的是热门电影名为"复仇者联盟 4：终局之战(2019)"的源码，加粗、框选且灰色背景部分的文字是计划需要抽取的目标内容。

```
<dl id="topMovieSlide" class="transition10">
    <dd id="top_218090" movieid="218090" year="2019" month="4" day="24" class="__r_c_"
pan="Dis-HotMovie1">
        <em class='num_on'>1</em>
        <p> <a href="http://movie.***.com/218090/" target="_blank" title="复仇者联盟 4：
终局之战/Avengers: Endgame(2019)">
        <img src="http://img5.***.cn/mt/2019/03/29/095608.66203322_175X262X4.jpg"
width="175" alt="复仇者联盟 4：终局之战/Avengers: Endgame(2019)" /></a></p>
        <h3><a href="http://movie.***.com/218090/" target="_blank"title="复仇者联盟 4：终
局之战/Avengers: Endgame(2019)">复仇者联盟 4：终局之战 (2019)</a></h3>
        <p class="m6"><span class="db_point"></span> <span class="c_green px14"></span>
        </p>
    </dd>
```

为获得最新的热门电影，我们需要从源码中解析出 10 部热门电影对应的位置，并对其中的标记语言进行分析和提取。在编写代码时，首先要找到每一部热门电影对应的位置，然后按上述所列的"复仇者联盟 4：终局之战(2019)"对应的 HTML 代码结构对"热门电影"模块进行切分，代码如下。

```
import re
import os

# 找到热门电影对应源码的起始位置
tg_start=strw.find('<dl id="topMovieSlide" class="transition10">')
if tg_start==-1:
    print("not find start tag")
    os._exit(0)
# 字符串截取
tmp=strw[tg_start:-1]
#print(tg_start)
# 找到热门电影对应源码的结束位置
tg_end=tmp.find('</div><div id="topTVRegion"')
#print(tg_end)
if tg_end==-1 :
    print("not find start tag")
    os._exit(0)
# 去除开头的<dl id="topMovieSlide" class="transition10">，并进行字符串截取
tmp=tmp[len('<dl id="topMovieSlide" class="transition10">'):tg_end ]
#print(tmp)
# 对字符串进行切片，生成列表
tar_ls=tmp.split("</dd>")
```

```
dict_film={}
id = 0
# 循环遍历列表
for t0 in tar_ls:
    m = []
    # 使用正则表达式进行字符串匹配
    m= re.findall(r'>.*</a></h3>', t0)
    if not m:
        break
    # 添加到字典
    dict_film[id] = m[0][1:-9]
    id = id + 1;
```

- 步骤五：存储并输出爬取的关键数据，代码如下。

```
import time
# 新建一个以本地时间命名的文本文件
file = open(time.strftime('%Y-%m-%d',time.localtime(time.time()))+'.txt','w+')
# 向文本文件中循环写入字典中的内容
for t in dict_film:
    file.write(dict_film[t]+'\n')
# 关闭文本文件
file.close()
```

- 步骤六：打开存储的文本文件，检查下载的数据。爬取的部分热门电影数据如图 3.6 所示。

```
扫毒2天地对决(2019)
蜘蛛侠：英雄远征(2019)
复仇者联盟4：终局之战(2019)
爱宠大机密2(2019)
地狱男爵：血皇后崛起(2019)
狮子王(2019)
千与千寻(2001)
哥斯拉2：怪兽之王(2019)
九龙不败(2019)
恶人传(2019)
```

图 3.6 爬取的部分热门电影数据

学一学

必须知道的知识点。

1）字符串的操作

string.split()：通过字符串对象的 split()方法将字符串对象切分为列表。调用方式为 string.split(str="", num=string.count(str))。

string.strip()：strip()方法用于移除字符串头尾指定的字符（默认为空格或换行符）或字符序列。该方法只能删除开头或结尾的字符，不能删除中间的字符。如 str = "123abcrunoob321"，则 str.strip('12')字符序列表示，要删除的字符序列为"12"，最终得到"3abcrunoob3"。此外，s.lstrip()表示仅删除 s 字符串中开头处指定的字符或字符序列；s.rstrip()表示仅删除 s 字符串中结尾处指定的字符或字符序列。

2）字符串的匹配与查找

字符串匹配函数 re.match()尝试从字符串的起始位置匹配一个模式，如果目标字符串不是完全匹配的话，match()就返回 None。其调用格式为 re.match(pattern, string[, flags])。

参数 pattern 为匹配规则，即输入正则表达式；参数 string 为待匹配的文本或字符串。匹配成功 re.match()函数返回一个匹配的对象，否则返回 None。我们可以使用 group(num)或 groups()匹配对象函数来获取匹配表达式。

字符串查找函数 re.search()用于扫描整个字符串并返回第一个匹配成功的字符串。调用格式为 re.search(pattern, string[, flags])。

re.findall()函数是在字符串中找到正则表达式所匹配的所有子串，并返回一个列表，如果没有找到匹配的子串，则返回空列表。调用格式为 re.findall(pattern, string[, flags])。

需要注意的是，match()、search()函数仅返回匹配成功的一个结果，而 findall()函数则返回匹配成功的所有结果，即返回的结果可能是多个。

3）字符串匹配与查找中的正则表达式

通过正则表达式，可以从字符串中获取我们想要的特定部分。正则表达式是一个特殊的字符序列，它能帮助我们快捷地检查一个字符串是否与某种模式匹配。Python 自 1.5 版本起增加了 re 模块，它提供 Perl 风格的正则表达式模式。re 模块使 Python 拥有全部的正则表达式功能。compile()函数根据一个模式字符串和可选的标志参数生成一个正则表达式对象。该对象拥有一系列方法用于正则表达式的匹配和替换。re 模块也提供了与这些方法功能完全一致的函数，这些函数使用一个模式字符串作为它们的第一个参数。

4）字符转义的处理

原始字符串操作符（r/R）：防止字符转义。例如，如果字符串中出现"\t"，不加 r/R 的话"\t"会被转义，而加了 r/R 之后"\t"则可保留原有的意义。

5）文件操作

文件打开函数 open()用于打开一个文件。打开的同时，函数会创建一个 file 对象。通过该对象可以使用其相关的方法，比如与读写操作相关的访问。文件打开函数的语法为 open(name[, mode[, buffering]])。

其中，参数 name 用来设置需要访问的文件名对应的字符串值。参数 mode 决定了打开文件的模式：只读、写入、追加等。参数 mode 是非强制的，默认文件访问模式为只读（r）。可选参数 buffering 用来指定是否寄存数据，如果将参数 buffering 的值设为 0，则不寄存；如果将 buffering 的值设为 1，则访问文件时会寄存数据；如果将 buffering 的值设为大于 1 的整数，则指定的是寄存区的缓冲大小；如果将 buffering 的值设为负数，则寄存区的缓冲大小为系统默认值。例如，fp = open('mybook.txt','w+')表示打开当前目录中文件名为"mybook.txt"的文件，用于读写。

文件写入函数：fp.write(content)。另外，对于列表 lists 中内容的写入，可以使用 fp.writelines(lists)。而对于 NumPy 包中的数据 numpy data 的写入，可使用 numpy.savetxt("result.txt", numpy_data)。文件写入完成后，要记得及时关闭文件，可调用函数 fp.close()关闭文件。

6）获取本地时间

获取本地时间的时间戳，可以使用 time.time()。输出的结果是 1279578704.6725271。但是，这一连串的数字并不具有可读性，也不是用户最终想要的结果。可以利用 time 模块的格式化时间的方法来对结果进行处理，如 time.localtime(time.time())。time.localtime()用来将时间戳格式化为本地时间。例如，time.strftime('%Y-%m-%d %H:%M:%S', time.localtime(time.time()))。

✍ **练一练**

从网页数据中可以继续进行解析，如获取"人物榜单"中的数据，包括中文名、英文名及其评分等。

3.2.2　网络数据定时爬取

想要实时地查看最新的热门电影，可在系统中添加定时任务，定时执行代码从网络上爬取最新的数据并进行存储。在 Windows 中，可以使用"任务计划"来完成；而在 Linux 中，可以使用 crontab 命令来设置定时任务。

✍ **动一动**

在 Windows 中添加定时爬取网络实时数据的任务。

- 步骤一：选择"控制面板"→"管理工具"→"任务计划程序"→"创建任务"来添加新的定时任务。在添加新任务时，需要建立新的触发器，选择"触发器"后，单击"新建"按钮，打开"新建触发器"对话框，如图 3.7 所示，在该对话框中设置需要的任务启动时间即可。

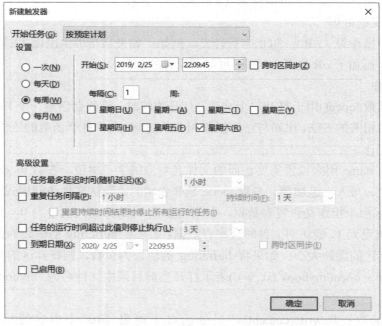

图 3.7　"新建触发器"对话框

- 步骤二：在 C 盘新建相应的 BAT 文件，该文件（task.bat）中的内容为运行电影数据爬取的 Python 脚本。示例代码如下。

```
c:
cd c:\Users\kegully\PyCharmProjects\xm-scratch\.idea
C:\Users\Administrator\AppData\Local\Programs\Python\Python36        c:\Users\
Administrator \PyCharmProjects\xm-scratch\.idea\movie.py
```

- 步骤三：新建操作，完成计划任务的配置，如图 3.8 所示。

图 3.8 在启动任务计划中新建操作

完成后，系统会自动在每周六固定的时间爬取网络上最新的热门电影数据并将其存储在相应日期的 TXT 文件中。

3.2.3 正则表达式

在解析网页的过程中，我们使用了正则表达式。本节将对其中的语法进行简单的说明，如表 3.2 所示。

表 3.2 正则表达式中的语法

模　　式	描　　述
^	匹配字符串的开头
$	匹配字符串的末尾
.	除换行符外，匹配任意字符，当 re.DOTALL 标记被指定时，则可以匹配包括换行符的任意字符
[...]	用来表示一组字符，单独列出，如[amk] 匹配 'a'、'm'或'k'
[^...]	不在[]中的字符，如[^abc] 匹配除 a、b、c 以外的字符
re*	匹配 0 个或多个表达式
re+	匹配 1 个或多个表达式
re?	匹配 0 个或 1 个由前面的正则表达式定义的片段，非贪婪方式
re{n}	精确匹配 n 个前面 re 指定的表达式，即 n 个 re。例如，o{2}不能匹配 "Bob" 中的 o，但是能匹配 "food" 中的两个 o
re{n,}	匹配 n 个前面 re 指定的表达式。例如，o{2,}不能匹配 "Bob" 中的 o，但能匹配 "goooood" 中的所有 o。"o{1,}" 等价于 "o+"，"o{0,}" 则等价于 "o*"
re{n, m}	匹配 n 到 m 次由前面的正则表达式定义的片段，贪婪方式
a| b	匹配 a 或 b
(re)	匹配括号内的表达式，也表示一个组

模　式	描　述
(?imx)	正则表达式包含 3 种可选标志: i、m 或 x。只影响括号中的区域
(?-imx)	正则表达式关闭 i、m 或 x 可选标志。只影响括号中的区域
(?: re)	类似于(...)，但是不表示一个组
(?imx: re)	在括号中使用 i、m 或 x 可选标志
(?-imx: re)	在括号中不使用 i、m 或 x 可选标志
(?#...)	注释
(?= re)	前向肯定界定符。如果所含正则表达式，即 re，在字符串当前位置成功匹配时则返回成功的信息，否则返回失败信息。一旦所含表达式在左边字符串中没有匹配成功，则还需要尝试匹配界定符的右边字符串
(?! re)	前向否定界定符。与肯定界定符相反；当所含表达式 re 在字符串当前位置匹配失败时，则返回成功
(?> re)	匹配的独立模式，省去回溯
\w	匹配字母、数字及下画线
\W	匹配非字母、数字及下画线
\s	匹配任意空白字符，等价于 [\t\n\r\f]
\S	匹配任意非空白字符
\d	匹配任意数字，等价于 [0-9]
\D	匹配任意非数字
\A	匹配字符串开始
\Z	匹配字符串结束，如果存在换行，则只匹配到换行前的结束字符串
\z	匹配字符串结束
\G	匹配最后匹配完成的位置
\b	匹配一个单词边界，也就是指单词和空格间的位置。例如，"er\b"可以匹配"never"中的"er"，但不能匹配"verb"中的"er"
\B	匹配非单词边界。例如，"er\B"能匹配"verb"中的"er"，但不能匹配"never"中的"er"
\n、\t 等	匹配一个换行符、制表符等
\1...\9	匹配第 n 个分组的内容
\10	如果匹配成功，则匹配第 n 个分组的内容，否则表示八进制字符码形式的表达式

在使用时，可在匹配字符中指定相应的形式，实例如表 3.3 所示。其中"[Pp]ython"匹配的结果为"Python"或"python"；"[a-z]"匹配的是所有小写字母。其他内容不再详述。

表 3.3　正则表达式实例（字符类）

实　例	描　述
[Pp]ython	匹配"Python"或"python"
rub[ye]	匹配"ruby"或"rube"
[aeiou]	匹配括号内的任意一个字母
[0-9]	匹配任意数字，类似于[0123456789]
[a-z]	匹配任意小写字母
[A-Z]	匹配任意大写字母

续表

实　例	描　述
[a-zA-Z0-9]	匹配任意字母及数字
[^aeiou]	匹配除 aeiou 字母以外的所有字符
[^0-9]	匹配除数字以外的字符

除以上字符以外，一些特殊字符的匹配实例如表 3.4 所示。

表 3.4　正则表达式实例（特殊字符类）

实　例	描　述
.	匹配除 "\n" 以外的任意单个字符。如果要匹配包括 "\n" 在内的任意字符，则可使用 "[.\n]" 模式
\d	匹配任意数字字符。等价于[0-9]
\D	匹配任意非数字字符。等价于[^0-9]
\s	匹配任意空白字符，包括空格、制表符、换页符等。等价于[\f\n\r\t\v]
\S	匹配任意非空白字符。等价于[^ \f\n\r\t\v]
\w	匹配包括下画线的字母（区分大小写）及数字。等价于[A-Za-z0-9_]
\W	匹配除下画线、字母（区分大小写）及数字以外的其他字符。等价于[^A-Za-z0-9_]

下面举几个应用实例来说明正则表达式的使用方法。

（1）re.search(r'[a-z]+', 'liuyaN1234ab9').group()：表示查找以 1 个及 1 个以上小写字母组成的字符串，因此，返回结果为'liuya'。

（2）re.search(r'[a-z]+', 'liuyaN1234ab9', re.I).group()：re.I 表示忽略大小写，因此，返回结果为'liuyaN'，表示对大小写不敏感。

（3）re.split(r'\s+', 'a b　　c d')：表示以空格或其他任何空白字符切分字符串，切分结果返回['a', 'b', 'c', 'd']。

（4）若 s = 'aaa bbb111 cc22cc 33dd'，则 re.findall(r'\b[a-z]+\d*\b', s)表示必须至少由 1 个字母开头，以连续数字结尾或没有数字，返回结果为['aaa', 'bbb111']。而 re.findall(r' [a-z]+\d*', s)表示把字符串 s 拆开，返回结果为['aaa', 'bbb111', 'cc22', 'cc', 'dd']。正则表达式' [a-z]+\d*'表示匹配字符串中前一部分是字母，后一部分是数字或为空的子字符串。

3.3　房屋租赁数据的爬取

为分析房产面积、房间数、地理位置对房屋租赁价格的影响，我们从网络上爬取了用户发布的实时信息。为方便解析网页，我们可以利用很多便捷的第三方包来爬取和分析HTML/XML 数据。

目前，有许多优秀的包用于爬取、分析网页数据，包括 requests、BeautifulSoup 和 scrapy等。本项目中配置并使用了 requests、BeautifulSoup4 这两个包。

动一动

例如，从 http://zu.wz.***.com/house 中爬取温州市区部分房屋租赁的信息，包括信息标题、房间数、面积、区域、所属行政区及其他信息，并保存为 result.csv 文件。房屋租赁数据信息页如图 3.9 所示。

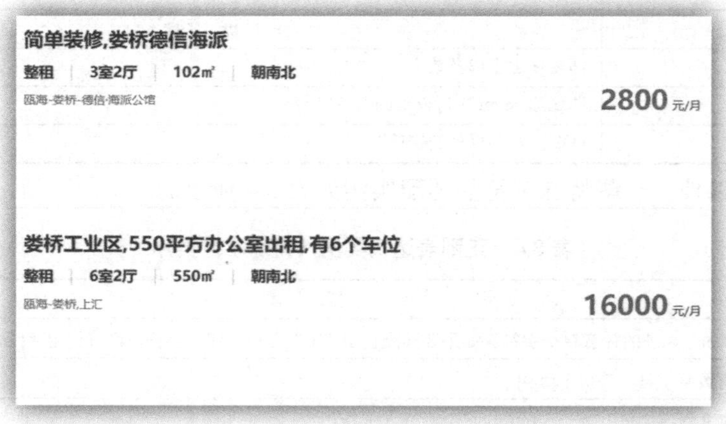

图 3.9　房屋租赁数据信息页

- 步骤一：准备环境，添加并配置 requests 和 BeautifulSoup4 包。
- 步骤二：编写代码，实现网络数据爬取、页面分析和数据保存。示例代码如下。

```Python
#!/usr/bin/Python
# -*- coding: gbk -*-
# 导入包
import requests
from bs4 import BeautifulSoup
import csv
import os
# 定义一次爬取的函数
def getData(url):
    # 设置模拟的请求头
    headers = { 'User-Agent': 'Mozilla/5.0(Windows NT 10.0; WOW64)AppleWebKit/
537.36(KHTML, like Gecko)Chrome/64.0.3282.140 Safari/537.36'}
    # 向网页发起请求
    data=requests.get(url,headers=headers)
    # 设置编码为 gbk
    data.encoding='gbk'
    # 使用 BeautifulSoup 包解析网页
    soup = BeautifulSoup(data.text, "html.parser")
    # 查找所有标签 p 的 title 属性对应的值
    title=soup.find_all("p","title")
    area=soup.find_all("p","gray6 mt12")
    concretedata = soup.find_all("p","font15 mt12 bold")
    price = soup.select("#listBox > div.houseList > dl > dd > div.moreInfo > p > span")
    dic = []
    for title, price, concretedata, area in zip(title, price, concretedata, area):
        # 对 concretedata 中的内容去空格并切片
        detail = concretedata.get_text().strip().split('|')
        # 准备好写入字典的内容
        last_data = {
            "title": title.get_text().strip(),
            "fj":detail[1][0:1].strip(),
            "mj": detail[2][0:-1].strip(),
```

```
        "price": price.get_text().strip(),
        "concretedata":concretedata.get_text().strip(),
        "area": area.get_text().strip('-'),
        "district":area.get_text()[0:2]
    }
    # 添加到 dic 列表
    dic.append(last_data)
    #print(title.get_text().strip()+'\t'+ concretedata.get_text().strip()+ '\t'+
price.get_text().strip()+ '\t'+area.get_text().strip())
    # 返回列表
    return dic

header = ['title','fj','mj','price','concretedata','area','district']
# 用追加的方式打开 result.csv 文件
fp = open('result.csv','w+')
url = "http://zu.wz.***.com/house"
f_csv = csv.DictWriter(fp,header)
# 在打开的文件中写入列标签
f_csv.writeheader()
# 在 csv 文件中写入返回的所有房产信息
f_csv.writerows(getData(url))
# 循环爬取多个网页中的数据
for i in range(2,9):
    url1 = url + '/i3' + str(i)
    # 保存数据至打开的文件中
    f_csv.writerows(getData(url))
fp.close()
```

- 步骤三：运行爬取程序，爬取的房产数据如图 3.10 所示。

	title	fj	mj	price	concretedata	area	district
0	德信海派公馆140平4室2厅2卫中装修4500/月	4	140	4500	整租|4室2厅|140㎡|朝南北	瓯海-娄桥-德信·海派公馆	瓯海
1	新房出租 精装修两房全配 看房随时 交通便利 位置好	2	90	4600	整租|2室2厅|90㎡|朝南	瓯海-三垟-德信·爱琴海岸	瓯海
2	罗西5组团精装修出租 拎包入住 图片展真实	3	135	5500	整租|3室2厅|135㎡|朝南北	瓯海-三垟-罗西住宅区	瓯海
3	新乐大楼 3室2厅2卫	3	125	4500	整租|3室2厅|125㎡|朝南北	鹿城-新城-新乐大楼	鹿城
4	安澜小区精装修,家具电器齐,可长租	2	60	3000	整租|2室2厅|60㎡|朝南	鹿城-江滨-安澜小区	鹿城

图 3.10 爬取的房产数据

不难发现，通过 API 来爬取网络信息很容易访问到珍贵的数据。但大部分商家并不太希望有人去大量地下载这些有用的数据。因为开放这些数据会催生许多有价值的消费应用程序，对原商家来说无疑是一笔财富的流出。所以很多网站会对数据进行封装，让数据变得不容易被爬取。因此，有时需要读者深入分析页面源码。

✎ 练一练

（1）进一步解析图 3.10 中的数据，从中分析出更多有用的信息。

（2）通过网络爬取在售二手房数据进行相应的分析。

3.4　房屋租赁数据的统计

接下来，我们需要对爬取下来的数据进行简要统计与分析，要求得出温州市部分行政区房屋租赁的最高价格、最低价格、平均价格和中位数价格，然后画出价格分析图，并用直方图（Histogram）表示。

📝 动一动

分析房屋租赁数据。

- 步骤一：读取数据，并对数据进行聚合统计，示例代码如下。

```python
#!/usr/bin/Python
# -*- coding: gbk -*-
# 导入包
import pandas as pd
from pylab import mpl
# 设置字体为 SimHei，用于显示图中的中文
mpl.rcParams['font.sans-serif'] = ['SimHei']
mpl.rcParams['axes.unicode_minus'] = False
# 读取本地数据，编码为 gbk
house = pd.read_csv('result.csv', encoding='gbk')
house = house[(house.district.isin(['鹿城','龙湾','瓯海']))]
price = house['price']
max_price = price.max()
min_price = price.min()
mean_price = price.mean()
median_price = price.median()
# 输出温州市部分行政区内房屋租赁的最高价格、最低价格、平均价格和中位数价格
print(u"温州市部分行政区内房屋租赁最高价格：%.2f 元/套" % max_price)
print(u"温州市部分行政区内房屋租赁最低价格：%.2f 元/套" % min_price)
print(u"温州市部分行政区内房屋租赁平均价格：%.2f 元/套" % mean_price)
print(u"温州市部分行政区内房屋租赁中位数价格：%.2f 元/套" % median_price)
```

- 步骤二：运行代码，结果如图 3.11 所示。

```
温州市部分行政区内房屋租赁最高价格：13000.00元/套
温州市部分行政区内房屋租赁最低价格：900.00元/套
温州市部分行政区内房屋租赁平均价格：3951.37元/套
温州市部分行政区内房屋租赁中位数价格：3800.00元/套
```

图 3.11　房屋租赁价格聚合统计结果

- 步骤三：使用柱状图展现温州市部分行政区内的房屋租赁平均价格，参考代码如下。

```python
mean_price_district =
house.groupby('district')['price'].mean().sort_values(ascending=False)
mean_price_district.plot(kind='bar',color='b')
print(mean_price_district)
# 设置 y 轴刻度范围
plt.ylim(1000,5000,500)
plt.title("温州市部分行政区内房屋租赁平均价格分析")
plt.xlabel("温州市部分行政区")
```

```
plt.ylabel("房屋租赁平均价格/（元/套）")
plt.show()
```

- 步骤四：运行代码，结果如图 3.12 所示，可以看出温州市三个行政区内的房屋租赁平均价格相差不大。

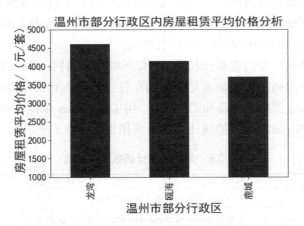

图 3.12 温州市部分行政区内房屋房屋租赁平均价格统计分析结果

- 步骤五：使用直方图展示统计数据，代码如下。

```
import matplotlib.pyplot as plt
# 绘制房价分布直方图
# 设置 x 轴和 y 轴刻度范围
plt.xlim(0,14000)
plt.ylim(0,30)
plt.title("温州市部分行政区内房屋租赁价格分析")
plt.xlabel("房屋租赁价格/（元/套）")
plt.ylabel("租赁数量/套")
plt.hist(price, bins=60)
# 绘制垂直线
plt.vlines(mean_price,0,500,color='red',label='平均价格',linewidth=1.5, linestyle='--')
plt.vlines(median_price, 0, 500, color='red',label='中位数价格', linewidth=1.5)
# 显示图例
plt.legend()
```

- 步骤六：运行代码，结果如图 3.13 所示。

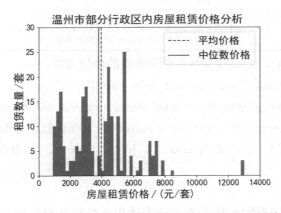

图 3.13 温州市部分行政区内房屋租赁价格统计分析结果

📖 **学一学**

必须知道的知识点。

1）常用的统计分析函数

Pandas 是基于 NumPy 包构建的含有更高级数据结构和工具的数据分析包。类似于 NumPy 包的核心是 ndarray，Pandas 包是围绕着 Series 和 DataFrame 两个核心数据结构展开的。Series 和 DataFrame 分别对应一维的序列和二维的表结构。

DataFrame 是一个表格型的数据结构，它含有一组有序的列，每列的值可以是不同的类型。DataFrame 面向行和面向列的操作基本是平衡的，任意抽出一列都是 Series。Pandas 对象有一些统计方法，它们大部分都属于约简和汇总统计，用于从 Series 中提取单个值，或从 DataFrame 的行或列中提取一个 Series。常用的统计函数及其用途如表 3.5 所示。

表 3.5　常用的统计函数及其用途

统 计 函 数	用　　　途
count()	计数，反统计值不是 NA 的数据行
describe()	针对 Series 或 DataFrame 的列计算并汇总统计
Min(),max()	最小值和最大值
argmin(), argmax()	最小值和最大值的索引位置（整数）
idxmin(), idxmax()	最小值和最大值的索引值
quantile()	样本分位数（0~1）
sum()	求和
mean()	平均值
median()	中位数
mad()	根据平均值计算平均绝对离差
var()	方差
std()	标准差
skew()	样本值的偏度（三阶标准化矩阵）
kurt()	样本值的峰度（四阶标准化矩阵）
cumsum()	样本值的累计和
cummin(), cummax()	样本值的累计最大值和累计最小值
cumprod()	样本值的累计积
diff()	计算一阶差分（对时间序列很有用）
pct_change()	计算当前元素与前面 n 个元素的百分比

以表 3.5 中的 count()、mean() 为例来说明函数的使用方法。

（1）count([axis=0, level=None, numeric_only=False])。

（2）mean([axis=None, skipna=None, level=None, numeric_only=None, **kwargs])。

参数 numeric_only 为布尔型，默认值为 False，表示在计数时非数值型的数据也被统计在内。参数 skipna 为布尔型，默认值为 True，表示跳过 NaN 值。如果整行或整列都是 NaN 值，则结果也是 NaN 值。

2）柱状图

柱状图是一种以长方形的长度为变量的表达图形的统计报告图。其主要用来比较两个或两个以上的数值（不同时间或不同条件）的区别。柱状图中只有一个变量，通常用于较小的数据集分析。pandas.DataFrame.plot()的使用语法如下，它同样也可用于画柱状图。

```
pandas.DataFrame.plot
        (x=None, y=None, kind='line', ax=None, subplots=False, sharex=None, sharey=
False,
        layout=None, figsize=None, use_index=True, title=None, grid=None, legend=True,
        style=None, logx=False, logy=False, loglog=False, xticks=None, yticks=None,
        xlim=None, ylim=None, rot=None, fontsize=None, colormap=None, table=False,
        yerr=None, xerr=None, secondary_y=False, sort_columns=False, **kwds)
```

其中，参数 kind 用来指定所绘制的图表的类型，plot()包含的图表类型如表 3.6 所示。

表 3.6 plot()包含的图表类型

序 号	参 数 值	表示的图表类型
1	line	折线图
2	bar	条形图
3	barh	横向条形图
4	hist	直方图
5	pie	饼图
6	scatter	散点图

3）直方图

直方图又被称为"质量分布图"，是一种统计报告图，由一系列高度不等的纵向条纹或线段表示数据分布的情况。一般用横轴表示数据类型，纵轴表示分布情况。该图形主要用来整理统计数据，呈现统计数据的分布特征，即数据分布的集中或离散状况，使用户从中掌握质量能力状态。直方图还可以用于观察和分析生产过程中质量是否处于正常、稳定和受控等状态，以及质量水平是否保持在公差允许的范围内。

因此，直方图对于查看或真正地探索数据点的分布是很有用的。从图 3.13 中的直方图，我们可以清楚地看到每种租赁价格的租赁数量，租赁价格在 6000 元以下的租赁数量相对较多。数据的分布特征，如是否服从正态分布，从图中可以直观地看出。

然而，直方图也存在缺点。当使用所有没有离散组的数据点时，将对可视化造成许多干扰，使得看清真正发生了什么变得困难。

更详细、更全面的数据分析与展现在后续章节中将继续介绍。

4）Matplotlib 包中 hist()的使用语法

hist()的使用语法如下。

```
matplotlib.pyplot.hist(x,bins=10,range=None,normed=False,weights=None,cumulative=
False, bottom=None, histtype=u'bar', align=u'mid', orientation=u'vertical', rwidth=None,
log=False, color=None, label=None, stacked=False, hold=None, **kwargs)
```

其中，比较常用的参数说明如表 3.7 所示。

表 3.7 hist()方法的常用参数说明

序 号	参 数	类 型	默 认 值	表示的意义
1	x	数组或序列数组		指定绘图数据
2	bins	整型	10	指定直方图的长方形数目，个数越多，则长方形越紧密

序　号	参　数	类　型	默　认　值	表示的意义
3	normed	字符串	1	指定密度,也就是每个长方形的占比,默认值为1。当 normed=True 时,表示归一化
4	color	字符串	Blue	表示长方形的颜色

3.5　课堂实训：二手房数据的爬取与统计

【实训目的】

通过本次实训,要求学生巩固网络数据爬取的过程和掌握 Python 数据爬取常用包(requests、BeautifulSoup)的使用方法。

【实训环境】

PyCharm、Python 3.7、Pandas、NumPy、Matplotlib、requests、BeautifulSoup4。

【实训内容】

一个完整、充分的数据爬取的过程主要包括以下步骤。

- 收集/观察网页数据信息。
- 探索和准备数据爬取。
- 页面分析与程序设计。
- 异常数据与"脏数据"分析。
- 数据分析与展现。

在接下来的实训中,我们以温州市部分行政区内在售二手房(https://wz.***.***.com/house/i32/)为数据获取目标,按照以上步骤进行数据爬取、处理、分析与预测。房产数据信息页如图 3.14 所示。

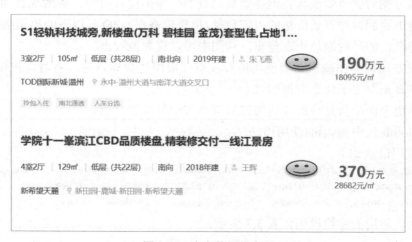

图 3.14　房产数据信息页

1．网络数据源码的获取与分析

(1)进入网站,查看源码,确认可以获取的信息。

(2)编写代码从网络上爬取数据,并进行结构分析。

2．分析页面数据并存储

分析出有用的数据，包括标题、单价、总价、面积、房间数、房龄、地理位置及其他可用信息，编写代码获取数据并将结果保存为 CSV 文件。获取的部分数据结构如图 3.15 所示。

	title	fj	mj	dj	price	fl	concretedata		area
0	总价60万起阳光100浅水湾精装带地暖家门口就是沙滩	2	55.0	11818	65.0	1	\r2室1厅|55㎡|低层（共16层）|南北		\r阳光100浅水湾\r洞头-洞头-区环岛公路230号
1	208万售全新婚装理想佳园三室一书房	3	89.3	23292	208.0	7	\r3室2厅|89.3㎡|低层（共10层）|南北		\r理想佳苑\r汤家桥-上江路213号
2	(公园一览无余)新城新田园六组团 142平精装大3室2卫	3	142.0	25718	365.2	11	\r3室2厅|142㎡|高层（共15层）|南北		\r新田园住宅区\r新田园-鹿城区新田路
3	公元上城一手楼盘首付30万享受优惠价,免费看享受宾宾通道	3	88.0	12386	109.0	1	\r3室2厅|88㎡|高层（共25层）|南北		\r瓯江公元上城\r洞头-瓯江口新区瓯镜大道与霞鸿街交汇处(新月公园对
4	瓯江口新区 公元上城88与139平 精装修 四大房 发展大	3	89.0	12584	112.0	1	\r3室2厅|89㎡|中层（共28层）|南北		\r瓯江公元上城\r洞头-瓯江口新区瓯镜大道与霞鸿街交汇处(新月公园对

图 3.15　获取的部分数据结构

3．多次调用代码获取最近 1000 个在售二手房数据

多次调用步骤 1 与步骤 2 中编写的代码，获取足够的数据用于分析二手房房价。

4．数据统计与分析

获取温州市部分行政区内在售二手房的最高房价、最低房价、平均房价、中位数房价，结果示例如图 3.16 所示。

> 温州市部分行政区内在售二手房最高房价：2160.00万元/套
> 温州市部分行政区内在售二手房最低房价：30.00万元/套
> 温州市部分行政区内在售二手房平均房价：260.22万元/套
> 温州市部分行政区内在售二手房中位数房价：215.50万元/套

图 3.16　温州市部分行政区内在售二手房价格统计结果

5．房价统计结果的可视化

使用直方图展现温州市部分行政区内的在售二手房价格统计结果，横坐标为房价，纵坐标为二手房房源的数量。示例参考如图 3.17 所示。

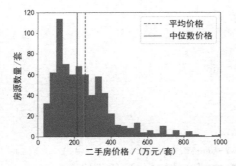

图 3.17　温州市部分行政区内在售二手房价格分布图

3.6　练习题

1．Python 序列类型包括 _____ 、_____ 、_____ 三种；_____ 是 Python 中唯一的映射类型。

2．设 s = "abcdefg"，则 s[3]的值是_____，s[2:4]的值是____，s[:5]的值是_____，s[3:]

的值是_____，s[::-1]的值是_____，s[::2]的值是_____。

3. 关于 Python 变量的使用，说法错误的是（   ）。

    A．变量不必事先声明   B．变量无须先创建和赋值即可直接使用

    C．变量无须指定类型   D．可以使用 del 释放资源

4. 下列选项中，（   ）不是 Python 合法标识符。

    A．int32   B．40XL

    C．self   D．name

5. Python 不支持的数据类型有（   ）。

    A．char   B．int   C．float   D．list

6. 什么是 scrapy 框架？为什么要使用 scrapy 框架？scrapy 框架有哪些优点？

7. 编程题：爬取 https://www.***.com/ranking/all/0/0/3 网页中的标题、播放量、up 主名字、弹幕量、综合评分并设置定时任务，每天早上九点爬取一次。

【参考答案】

1. Python 序列类型包括 string、list、tuple 三种；dict 是 Python 中唯一的映射类型。

2. 设 s = "abcdefg"，则 s[3]的值是 d，s[2:4]的值是 cd，s[:5]的值是 abcde，s[3:]的值是 defg，s[::-1]的值是 gfedcba，s[::2]的值是 aceg。

3. B。

4. B。

5. A。

6. scrapy 是一个快速、高层次的基于 Python 的 Web 爬虫框架，用于爬取 Web 站点并从页面中提取结构化的数据。scrapy 框架使用了 Twisted 异步网络库来处理网络通信。它更容易构建大规模的爬取项目；它可以处理异步请求，而且速度非常快；它还可以使用自动调节机制自动调整爬行速度。

7. 爬虫的参考代码如下。

```python
import datetime
import requests
from bs4 import BeautifulSoup
import time
import csv
def doSth():
    print('爬虫要开始运转了……')
    print(time.strftime('%Y-%m-%d %H:%M:%S', time.localtime(time.time())))
    url = 'https://www.***.com/ranking/all/0/0/3'
    data = requests.get(url, headers={
        'User-Agent': "Mozilla/5.0(Windows NT 10.0; Win64; x64)AppleWebKit/537.36(KHTML,
like Gecko)Chrome/71.0.3578.80 Safari/537.36"})
    data.encoding = 'utf-8'
    # 使用 BeautifulSoup 包解析网页
    soup = BeautifulSoup(data.text, "html.parser")
    print(data.text)
    title = soup.find_all("a", "title")
```

```
    Barrage_list = soup.select(" ul > li > div.content > div.info > div.detail >
span:nth-child(2)")
    Play_list = soup.select(" ul > li > div.content > div.info > div.detail >
span:nth-child(1)")
    zhdf = soup.find_all("div", "pts")
    upz = soup.select("ul > li > div.content > div.info > div.detail > a > span")
    dic = []
    for title, Play_list, Barrage_list, zhdf, upz in zip(title, Play_list, Barrage_list,
zhdf, upz):
        last_data = {
            "title": title.get_text(),
            "Play_list": Play_list.get_text(),
            "Barrage_list": Barrage_list.get_text(),
            "zhdf": zhdf.get_text().strip()[0:-4],
            "upz": upz.get_text().strip()
        }
        dic.append(last_data)

    fliename = 'bilbili'+time.strftime('%m-%d %H', time.localtime(time.time()))
    header = ['title', 'Barrage_list', 'Play_list', 'zhdf', "upz"]
    # 用可读可写的方式打开 result.csv 文件
    fp = open(fliename+'.csv', 'w+', encoding="utf-8")
    # 为 CSV 文件写入列标签
    f_csv = csv.DictWriter(fp, header)
    f_csv.writeheader()
    # 保存数据
    f_csv.writerows(dic)
    fp.close()
    print("结束")


def main(h, m):
    while True:
        now = datetime.datetime.now()
        print(now.hour, now.minute)
        if now.hour in h and now.minute == m:
            doSth()
        time.sleep(60)
main(h = [i for i in range(0,24,2)], m = 0)
```

房屋租赁数据的分析与可视化

学习目标

- 了解常用的图形展现形式及应用场景。
- 了解与各类数据可视化相关的第三方包。
- 掌握 Matplotlib 包中各类常用图形的使用及自定义设置。
- 熟练掌握箱形图、散点图、折线图、气泡图、热力图等图形的使用方法。
- 强化应用 sklearn 包中的一元线性回归分析工具。

4.1 背景知识

数据可视化是数据科学工作中的重要组成部分。在项目的早期阶段，通常会进行探索性数据分析（Exploratory Data Analysis，EDA），以获取对数据的一些理解。创建可视化方案可使事情变得更加清晰易懂，特别是对于大型、高维数据集，在项目结束时，以清晰、简洁和引人注目的方式展现最终结果是非常重要的，因为数据分析结果的受众一般是非技术型客户，只有这样，他们才更容易理解呈现的结果。

Matplotlib 是一个流行的 Python 包，可以用来简单地创建数据可视化方案。但每次在创建新项目时，设置数据、参数、图形和排版都会变得非常烦琐。在本节中，我们将介绍 5 种数据可视化方案，并使用 Python Matplotlib 为读者编写一些快速简单的函数。图 4.1 可帮助我们们选择正确的可视化图形。

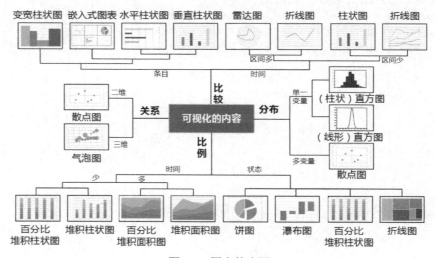

图 4.1 图表的应用

也有很多第三方的可视化方案，如 ECharts。ECharts 是百度开源的一个数据可视化纯 JavaScript（JS）库，主要用于实现数据可视化，可以流畅地运行在 PC 和移动设备上，兼容当前绝大部分浏览器（IE6/7/8/9/10/11、Chrome、Firefox、Safari 等），底层依赖轻量级的 Canvas 类库 ZRender，提供直观、生动、可交互、可高度个性化定制的数据可视化图表。创新的拖曳重计算、数据视图、值域漫游等特性大大增强了用户体验，赋予了用户对数据进行挖掘、整合的能力。ECharts 支持折线图（区域图）、柱状图（条状图）、散点图（气泡图）、K 线图、饼图（环形图）、雷达图（填充雷达图）、和弦图、力导向布局图、地图、仪表盘、漏斗图、事件河流图 12 类图表，同时提供标题、详情气泡、图例、值域、数据区域、时间轴、工具箱 7 个可交互组件，支持多图表、组件的联动和混搭展现。

此外，第三方包 seaborn 也是在 Matplotlib 包基础上发展起来的更高级的 API 封装，从而使得绘图更加容易。在大多数情况下，使用 seaborn 包就能制作出具有吸引力的图，而使用 Matplotlib 包能制作出具有更多特色的图，可以将 seaborn 包视为 Matplotlib 包的补充，而不是替代物。

4.2　使用箱形图可视化租赁价格分布特征

上一章我们使用了直方图，它能很好地可视化变量的分布特征。但是如果我们需要得到更多的信息，比如，我们想要更清晰地看到数值的标准偏差，或者中位数与均值有很大不同，是否存在很多离群值？即是否存在中位数与平均值的较大偏差,使得大部分数值都集中在某一边呢？

此时，可使用箱形图（Box-plot）来进行可视化。箱形图如图 4.2 所示，其提供了上述所提及的信息。实线框的底部（即下四分位数）和顶部（即上四分位数）总是第一个和第三个四分位（比如 25%和 75%的数据），箱体中的横线指的是第二个四分位（中位数）。像胡须一样的两条线（即上极限和下极限）从这个箱体伸出，显示的是数据的范围。实心的圆点表示异常值/单一数据点。

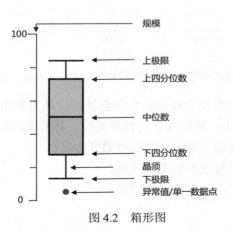

图 4.2　箱形图

箱形图又称为盒须图、盒式图或箱线图，是一种用于显示一组数据分散情况的统计图，因形状如箱子而得名。其作用主要是反映原始数据分布的特征，还可以进行多组数据分布特征的比较。

✍ **动一动**

使用箱形图可视化温州市部分行政区内房屋租赁价格的分布特征。

● 步骤一：编写代码，读取数据并进行可视化。

```python
#!/usr/bin/Python
# -*- coding: gbk -*-
import pandas as pd
import matplotlib.pyplot as plt
import numpy as np
plt.rcParams['font.sans-serif'] = ['SimHei']
plt.rcParams['axes.unicode_minus'] = False

# 读取本地数据
house = pd.read_csv('result.csv', encoding='gbk')
# 读取温州市三个行政区的数据并进行查看
house = house[(house.district.isin(['鹿城','龙湾','瓯海']))]
# 温州市部分行政区内房屋租赁价格箱形图
house.boxplot(column='price', by='district', whis=1.5)
plt.xlabel("行政区")
plt.ylabel("房屋租赁价格/元")
plt.show()
```

● 步骤二：运行以上代码，可视化的结果如图4.3所示。

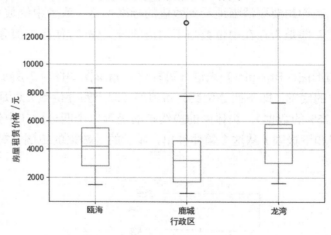

图4.3　温州市部分行政区内房屋租赁价格分布特征（箱形图）

箱形图具有较强的数据分布检查和异常值检查功能。从温州市部分行政区房屋租赁价格的箱形图（见图4.3）可以看出，鹿城存在上侧异常值。易得出，箱形图具有以下作用。

（1）利用箱形图可以直观明了地识别数据中的异常值。

（2）利用箱形图可以判断数据的偏态和尾重。

（3）利用箱形图可以比较不同批次的数据形状。

📖 **学一学**

必须知道的知识点。

DataFrame.boxplot()函数的示例代码如下。

```
DataFrame.boxplot
```

```
(column=None, by=None, ax=None, fontsize=None, rot=0, grid=True,
figsize=None, layout=None, return_type=None, **kwds)
```

boxplot()函数的主要参数说明如表 4.1 所示。

表 4.1　boxplot()函数的主要参数说明

序号	参 数 名	类 型	默认值	作 用
1	column	字符串或字符串列表		指定要进行箱形图分析的 DataFrame 中的列名
2	by	字符串或数组		作用相当于 Pandas 包的 group by，通过指定 by='columns'，可进行多组箱形图分析
3	ax	Axes 的对象		matplotlib.axes.Axes 的对象，没有太大作用
4	fontsize	浮点型或字符串		箱形图坐标轴字体大小
5	rot	整型或浮点型	0	箱形图坐标轴旋转角度
6	grid	布尔型	True	指定箱形图网格线是否显示
7	figsize	二元组		指定箱形图窗口尺寸大小
8	layout	二元组		必须配合 by 一起使用，类似于 subplot 的画布分区功能
9	return_type	{'axes', 'dict', 'both'}或 None	axes	指定返回对象的类型，可输入的参数为 axes、dict、both，当与 by 一起使用时，返回的对象为 series 或 array

4.3　使用散点图可视化房屋面积与租赁价格的关系

散点图非常适合展示两个变量之间的关系，可以直接看到数据的原始分布特征。如图 4.4 （a）所示，通过对组进行简单的颜色编码（或形状编码）来查看不同组的数据之间的关系。如果要在散点图的基础上对第三个变量进行可视化，可使用参数（如点大小）来表达，如图 4.4（b）所示。有时，我们也称散点图为"气泡图"，每个点对应的第三个维度的值用气泡的大小来表示。

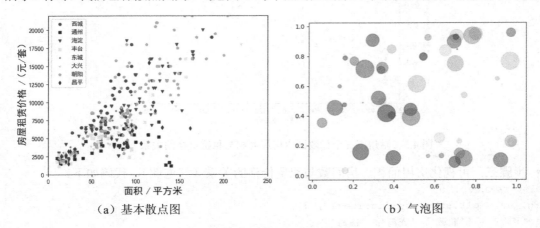

　（a）基本散点图　　　　　　　　　　　　　（b）气泡图

图 4.4　基本散点图与气泡图

散点图将序列显示为一组点，值由点在图表中的位置来表示。它是利用散点（坐标点）的分布形态来反映变量统计关系的一种图形。其还可以用图表中的不同标记表示类别，通常用于比较跨类别的聚合数据。

✏️ **动一动**

使用散点图、气泡图可视化温州市三个行政区内房屋面积与租赁价格的关系。

- 步骤一：编写代码，使用散点图可视化双变量之间的关系（面积与价格），代码如下。

```python
def plot_scatter():
    plt.figure()
    colors = ['red', 'blue', 'green']
    district = ['鹿城', '龙湾', '瓯海']
    markers = ['o', 's', 'v']

    for i in range(3):
        x = house.loc[house['district'] == district[i]]['mj']
        y = house.loc[house['district'] == district[i]]['price']
        plt.scatter(x, y, c=colors[i], s=20, label=district[i], marker=markers[i])
    plt.legend()
    plt.xlim(20, 300)
    plt.ylim(0, 10000)
    plt.title('温州市三个行政区内房屋面积与租赁价格的关系（散点图）', fontsize=20)
    plt.xlabel('面积/平方米', fontsize=16)
    plt.ylabel('房屋租赁价格/（元/套）', fontsize=16)
    plt.show()
plot_scatter()
```

- 步骤二：运行以上代码，结果如图 4.5 所示。

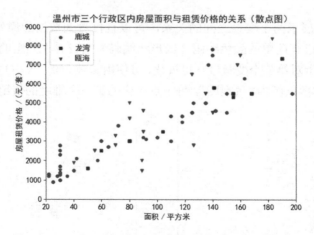

图 4.5　温州市三个行政区内房屋面积与租赁价格的关系

- 步骤三：可视化房屋面积、房间数与租赁价格的关系（气泡图），代码如下。

```python
def plot_scatter():
    fig, ax = plt.subplots(figsize=(9, 7))
    district = ['鹿城', '龙湾', '瓯海']
    # 定义气泡形状
    markers = ['o', 's', 'v']
    # 定义气泡颜色
    cms = [plt.cm.get_cmap('Greens'),plt.cm.get_cmap('Blues'),plt.cm.get_cmap('Reds')]
    disLen = len(district)
    n = 2
    for i in range(disLen):
```

```
        x = house.loc[house['district'] == district[i]]['mj']
        y = house.loc[house['district'] == district[i]]['fj']
        z = house.loc[house['district'] == district[i]]['price']
        size = z.rank()
        bubble = ax.scatter(x, y, s=n*size, c=z, label = district[i], marker = markers[i],
cmap=cms[i], linewidth=0.5, alpha=0.5)

        if i == 0:
            plt.xlim(20, 250)
            plt.ylim(0, 5)
            plt.title('房屋面积、房间数与租赁价格的关系（气泡图）', fontsize=20)
            plt.xlabel('面积/平方米', fontsize=16)
            plt.ylabel('房间数', fontsize=16)
        # 画出颜色条
        plt.colorbar(bubble,cax=plt.axes([0.95 + i * 0.1, 0.13, 0.02, 0.78]))
        # 写入颜色的标签
        fig.text(0.95 + i * 0.1, 0.09,district[i])
    plt.show()
plot_scatter()
```

- 步骤四：运行以上代码，结果如图 4.6 所示。

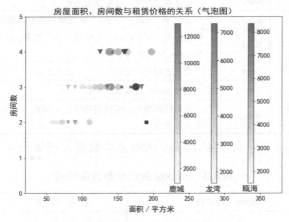

图 4.6　房屋面积、房间数与租赁价格的关系

学一学

必须知道的知识点。

matplotlib.pylot.scatter()函数用于画散点图与气泡图，示例代码如下。

```
matplotlib.pylot.scatter
        (x, y, s=None, c=None, marker=None, cmap=None, norm=None,
        vmin=None, vmax=None, alpha=None, linewidths=None, verts=None,
        edgecolors=None, hold=None, data=None, **kwargs)
```

scatter()函数的主要参数说明如表 4.2 所示。

表 4.2　scatter()函数的主要参数说明

序号	参数名	类型	默认值	作　　用
1	x	类数组	必填参数	设置散点的横坐标
2	y	类数组	必填参数	设置散点的纵坐标，而且必须与 x 的长度相等

序号	参数名	类型	默认值	作　用
3	s	标量或类数组	20	用来指定标记面积（大小），以 points 的平方为单位，可指定为下列形式之一。 （1）数值标量：以相同的大小绘制所有标记。 （2）行或列向量：使每个标记具有不同的大小。x、y 和 sz 中的相应元素用于确定每个标记的位置和面积。sz 的长度必须等于 x 和 y 的长度。 （3）[]：使用 36 points 的平方作为默认面积
4	c	色彩或颜色序列	'b'	标记颜色，指定为下列形式之一。 （1）RGB 三元数或颜色名称，表示使用相同的颜色绘制所有标记。 （2）由 RGB 三元数组成的三列矩阵，表示对每个标记使用不同的颜色。矩阵的每行为对应标记指定一种 RGB 三元数颜色。大小必须等于 x 和 y 的长度。 （3）向量表示对每个标记使用不同的颜色，并以线性方式将 c 中的值映射到当前颜色图中的颜色。c 的长度必须等于 x 和 y 的长度
5	marker	MarkerStyle	'o'	定义标记样式
6	cmap	色彩盘（colormap）	None	设置使用的色彩盘。色彩盘可以使用默认的也可以使用自定义的，是一个三列的矩阵（或者说，开关为 [N, 3]的矩阵）。矩阵中的值的取值范围为 [0., 1.]，每一行代表一个颜色（RGB）
7	norm	浮点型	None	设置数据亮度，取值范围为 0～1
8	vmin	标量（scalar）	None	vmin 和 vmax 与 norm 一起使用，用于标准化亮度数据。如果没有值，则分别使用颜色数组的最小值和最大值。如果已传递了 norm 实例，则忽略 vmin 和 vmax 的设置
9	vmax		None	
10	alpha	浮点型	None	设置透明度，范围为[0,1]。其中 1 表示不透明，0 表示透明
11	linewidths	浮点型	'face'	控制 points 边缘线的粗细
12	edgecolors	色彩或颜色序列	None	设置轮廓颜色，可使用的值与 c 类似。可取值为 face、None 或 Matplotlib 中的颜色值

散点图中可使用的标记形状参数 marker 的部分参数值说明如表 4.3 所示。

表 4.3　marker 的部分参数值说明

序　　号	marker（标志符）	英 文 描 述	中 文 描 述
1	.	point	点
2	,	pixel	像素
3	o	circle	圈
4	v	triangle_down	倒三角
5	^	triangle_up	正三角
6	<	triangle_left	左三角
7	>	triangle_right	右三角
8	8	octagon	八角
9	S	square	正方形
10	p	pentagon	五角
11	*	star	星形
12	h	hexagon1	六角 1

序 号	marker（标志符）	英 文 描 述	中 文 描 述
13	H	hexagon2	六角 2
14	+	plus	加号
15	x	X	X 号
16	D	diamond	钻石
17	d	thin_diamond	细钻
18	|	vline	垂直线
19	–	hline	水平线

散点图中可使用的部分颜色参数说明如表 4.4 所示。

表 4.4 散点图中可使用的部分颜色参数说明

选 项	说 明	对应的 RGB 三元数
'red'或 'r'	红色	[1 0 0]
'green' 或 'g'	绿色	[0 1 0]
'blue' 或 'b'	蓝色	[0 0 1]
'yellow' 或 'y'	黄色	[1 1 0]
'magenta' 或 'm'	品红	[1 0 1]
'white' 或 'w'	白色	[1 1 1]
'cyan' 或 'c'	青色	[0 1 1]
'black' 或 'k'	黑色	[0 0 0]

4.4 使用饼图可视化不同行政区的可租赁房源占比

饼图英文名为 Sector graph，有时也被称为 Pie graph，主要用于表现比例、份额类的数据。数据表中一列或一行的数据均可绘制到饼图中，用一个扇形区的大小来表示每一项数据占各项总和的比例。通常，饼图只表示一个数据系列。当有多个数据系列时，可以进一步考虑环形图（Ring diagram）。环形图是由两个及两个以上大小不一的饼图叠在一起，挖去中间的部分所构成的图形。

动一动

使用饼图可视化温州市三个行政区内可租赁房源所占的百分比。

● 步骤一：编写代码，使用饼图可视化温州市三个行政区内的房源占比，代码如下。

```
# 数据准备
housegrp_dis = house.groupby(['district'], as_index= False)['title'].count()
#print(housegrp_dis)

# 使用饼图可视化温州市三个行政区内的可租赁房源数占比
plt.axes(aspect=1)
explode = [0, 0.1, 0]
plt.pie(housegrp_dis['title'],
labels=housegrp_dis['district'],explode=explode,autopct='%3.1f %%',shadow=True,
labeldistance=1.1, startangle = 90,pctdistance = 0.6)
```

```
plt.title(u"温州市三个行政区内可租赁房源占比（饼图）")
plt.show()
```

- 步骤二：运行以上代码，结果如图 4.7 所示。

图 4.7　温州市三个行政区内的可租赁房源占比

📖 学一学

必须知道的知识点。

matplotlib.pylot.pie()函数。

Matplotlib 包中 matplotlib.pylot.pie()函数的使用格式如下。

```
matplotlib.pylot.pie
      (x, explode = None, labels = None, colors =('b', 'g', 'r', 'c', 'm', 'y', 'k',
      'w'),
      autopct = None, pctdistance = 0.6, shadow = False, labeldistance = 1.1,
      startangle = None,
      radius = None, counterclock = True, wedgeprops = None, textprops = None,
      center =(0, 0), frame = False)
```

matplotlib.pylot.pie()函数的参数说明如表 4.5 所示。

表 4.5　matplotlib.pylot.pie()函数的参数说明

序号	参 数 名	类 型	默 认 值	作 用
1	x	类数组（array-like）	必填参数	表示每个扇区的比例，如果 sum(x)>1，则会使用 sum(x)自动进行归一化处理
2	explode	类数组	None	表示每个扇区离开中心点的距离
3	labels	列表	None	表示每个扇区外侧显示的说明文字
4	colors	类数组	None	用来指定每个扇区的颜色
5	autopct	字符串或函数	None	用于控制饼图内百分比的显示比例，可以使用 format 字符串或 format 函数，比如，字符串"%1.1%%"
6	pctdistance	浮点型	0.6	类似于 labeldistance，用于指定 autopct 的位置
7	shadow	布尔型	True	表示是否画出阴影
8	labeldistance	浮点型	1.1	说明 labels 的绘制位置，相对于半径的比例，如果值小于 1，则绘制在饼图内侧

序号	参 数 名	类 型	默 认 值	作 用
9	startangle	浮点型	None	表示起始绘制角度，默认是从 x 轴正方向逆时针画起的，如果设定为 90，则从 y 轴正方向画起
10	radius	浮点型	None	用于控制饼图半径
11	counterclock	布尔型	True	表示是否让饼图按逆时针顺序呈现
12	wedgeprops	字典	None	设置饼图内外边界的属性，如边界线的粗细、颜色等
13	textprops	字典	None	设置饼图中文本的属性，如字体大小、颜色等
14	center	浮点型列表	原点(0, 0)	指定饼图的中心点位置
15	frame	布尔型	False	是否要显示饼图的图框，如果设置为 True 的话，需要同时控制图中 x 轴、y 轴的范围和饼图的中心位置

4.5 使用折线图可视化房间数与租赁价格的关系

当一个变量随着另一个变量明显变化的时候，比如说它们有一个大的协方差，那最好使用折线图（Line）。通常，折线图可以显示随时间（根据常用比例设置）而变化的连续数据，非常适用于显示在相等时间间隔下数据的一个变化趋势。而使用散点图绘制这些数据将会极其混乱，难以真正明白其中的规律和趋势。折线图提供了两个变量（百分比和时间）的协方差的快速总结功能。此外，在应用中也可以通过对线条进行彩色编码而形成分组。

动一动

按行政区划，使用一元线性回归分析方法分析房间数与租赁价格的相关性，并用折线画出分析后的结果。

- 步骤一：编写如下代码。

```python
def plot_scatter():
    plt.figure()
    colors = ['red', 'blue', 'green']
    district = [u'鹿城', u'龙湾', u'瓯海']
    markers = ['o', 's', 'v']

    for i in range(3):
        x = house.loc[house['district'] == district[i]]['fj']
        y = house.loc[house['district'] == district[i]]['price']
        plt.scatter(x, y, c=colors[i], s=20, label=district[i], marker=markers[i], alpha=0.3)
    # 一元线性回归与折线
    for i in range(3):
        x = house.loc[house['district'] == district[i]]['fj']
        y = house.loc[house['district'] == district[i]]['price']
        house1 = house.loc[house['district'] == district[i]]

        regr = linear_model.LinearRegression()
        regr.fit(house1[['fj']],house1[['price']])
        x = np.arange(0,5,0.05)
        y = regr.coef_*x + regr.intercept_
        plt.plot(x,y.T,c=colors[i],label=district[i])
```

```
    plt.legend()
    plt.xlim(0, 5)
    plt.ylim(0, 16000)
    plt.title('温州市部分行政区内房间数与租赁价格的关系（+折线图）', fontsize=20)
    plt.xlabel('房间数', fontsize=16)
    plt.ylabel('房屋租赁价格/（元/套）', fontsize=16)
plt.legend(loc = 2)
    plt.show()
plot_scatter()
```

- 步骤二：运行以上代码，结果如图 4.8 所示。

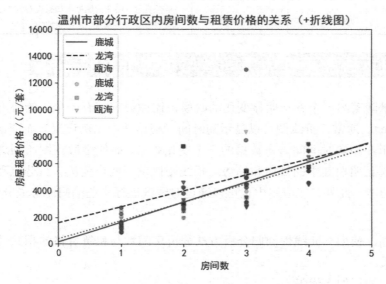

图 4.8　温州市部分行政区内房间数与租赁价格的关系

4.6　使用热力图可视化地理位置与租赁价格的关系

热力图（Heatmap）以特殊高亮的形式显示访客热衷的页面区域和访客所在的地理区域。现通常用于显示事发热点的区域。

在日常工作中，经常可以见到各式各样精美的热力图，其应用非常广泛。利用热力图可以查看数据表中多个特征的两两相似度。在本项目中，为进一步挖掘地理位置对房屋租赁价格的影响，引入了百度地图工具来对价格进行深入分析。想要使用百度的接口获取地理位置对应的经纬度，需要注册百度开发者，申请密钥，编写根据房屋具体地址通过百度地图获取其对应的经纬度的模块。

📝 动一动

使用百度地图 API 获取房屋具体地址对应的经纬度。

- 步骤一：申请 AK，获得访问许可。

登录百度地图开放平台 http://lbsyun.baidu.com/apiconsole/key 注册用户，并创建服务器应用类型的 AK，生成并获得相应的 AK，如图 4.9 所示。

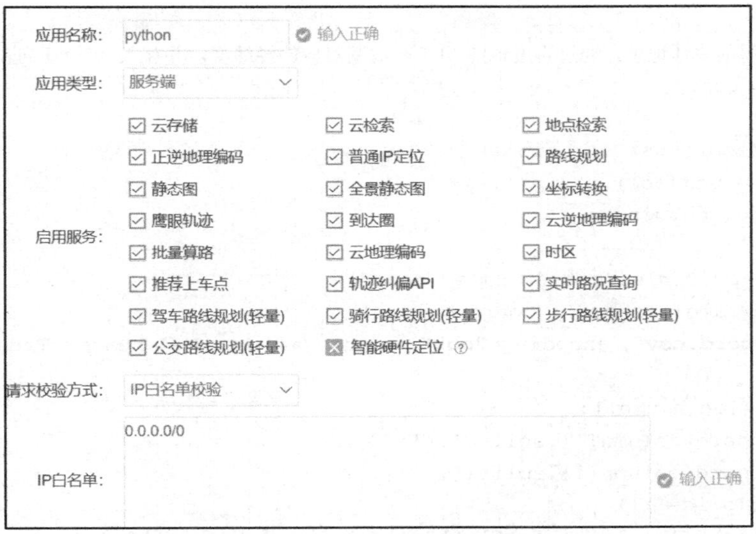

图 4.9　申请访问百度接口的许可

- 步骤二：编写代码，调用接口以获取房屋具体地址对应的经纬度。参考代码如下。

```python
# 应用百度地图 API 获取房屋具体地址对应的经纬度
class Html(object):
    soup = None
    def __init__(self, address):
        url0 = 'http://api.map.baidu.com/geocoder/v2/?address='
        ak = '使用自己申请的 AK 填入'
        self.address = address
        city = '温州市'
        baiduAPI_url = url0 + address + '&city=' + city + '&output=json&pois=1&ak=' + ak
        html = requests.get(baiduAPI_url).text  # 获取查询页的 html
        self.soup = BeautifulSoup(html, features="html.parser")  # 得到 soup 对象
    def get_location(self):
        result = self.soup.get_text()
        print result
        try:
            st1 = result.find('"lng":')
            end1 = result.find('"lat":')
            lng = float(result[st1+6:end1-1])
            # print lng
            end2 = result.find(',"precise"')
            lat = float(result[end1+6:end2-1])
            #print lat

        except BaseException:
            return 0, 0
        else:
            return lng, lat


address = house['area']
price = house['price']
# 创建空列表 coord，用来存储房屋的坐标（经纬度）
```

```
coord = []
# 循环遍历每个房屋的具体地址，通过百度地图 API 获取其对应的经纬度，并存入 coord 列表
for addr in address:
    #print addr
    loc = Html(addr).get_location()
    coordinate = str(loc).strip('()')
    coord.append(coordinate)

coord_column = pd.Series(coord, name='coord')
save = pd.DataFrame({'coord': coord_column})
save.to_csv("coord.csv", encoding="gbk", columns=['coord'], header=True, index=False)

for i in range(len(house)):
    lng = str(coord_column[i].split(', ')[0])
    lat = str(coord_column[i].split(', ')[1])
    count = str(price[i])
    out = '{\"lng\":' + lng + ',\"lat\":' + lat + ',\"count\":' + count + '},'
    print(out)
```

百度接口返回的部分经纬度输出结果如图 4.10 所示。

```
{"lng":120.62071368707426,"lat":27.964613394067253,"count":4500},
{"lng":120.72526360263237,"lat":27.98397406910575,"count":4600},
{"lng":120.72526360263237,"lat":27.98397406910575,"count":5500},
{"lng":120.71152556135405,"lat":28.005438624454136,"count":4500},
{"lng":120.67132802740676,"lat":28.028851156927992,"count":3000},
{"lng":120.72172907767225,"lat":28.010103886741277,"count":5000},
{"lng":120.67178722950533,"lat":28.00121172622332,"count":13000},
{"lng":120.69157676070594,"lat":27.98949300097254,"count":1380},
{"lng":120.70937420499737,"lat":28.002917519671104,"count":7500},
{"lng":120.62071368707426,"lat":27.964613394067253,"count":2800},
{"lng":120.68972017425953,"lat":27.999136621612873,"count":4600},
```

图 4.10　百度接口返回的部分经纬度输出结果

- 步骤三：使用百度地图开放平台中的代码编辑器 http://lbsyun.baidu.com/jsdemo. htm#c1_15 展示热力图。

首先，我们需要再创建一个 AK，应用类型为浏览器。

```
<script type="text/javascript" src="http://api.map.baidu.com/api?v=2.0&ak=
***********"></script>
```

其次，设置中心位置点和地图的初始缩放比例。

```
var map = new BMap.Map("container");              // 创建地图实例
var point = new BMap.Point(120.65029680539033, 27.964613394067255);
map.centerAndZoom(point,13.5);                    // 初始化地图，设置中心点坐标和地图级别
```

最后，将上述获取的所有经纬度信息粘贴到 points 中。

```
var points =[{"lng":120.65029680539033,"lat":28.017170429729519,"count":800},
{"lng":120.65675472819095,"lat":28.003560697418448,"count":550},
{"lng":120.69157588750697,"lat":27.989555139505119,"count":1280},]
```

登录网站 http://lbsyun.baidu.com/jsdemo.htm#c1_15，将对应的 HTML 代码粘贴至源码编辑器中，运行即可得到相应的结果。

地图中热力图点的尺寸、透明度和梯度的信息可自行设置。在浏览器中可以拖曳和缩放地图。在不同放大倍率下可以设定合适的热力图点参数，以方便更好地展示数据。

- 步骤四：借助第三方包实现热力图。

安装 folium 包，并编写如下代码。

```python
#coding:utf-8
import pandas as pd
from folium.plugins import HeatMap
import folium
house = pd.read_csv('result.csv', encoding='gbk')
coord_column = pd.read_csv('coord.csv', encoding='gbk')
address = house['area']
price = house['price']
dict=[]
for i in range(len(house)):
    lng = coord_column.coord[i].split(', ')[0]
    lat = coord_column.coord[i].split(', ')[1]
    count = price[i]
    dict.append([float(lat),float(lng),float(count)])

m = folium.Map([27.964613394067255,120.65029680539033],tiles='stamentoner', zoom_
start=13.5)
HeatMap(dict).add_to(m)
m.save('Heatmap.html')#存放路径
```

- 步骤五：运行程序，打开对应的 HTML 文件即可查看返回的经纬度结果。这些结果值以 JSON（JavaScript Object Notation）格式显示。为方便理解，下面对 JSON 格式及其在 Python 中的使用进行简要说明。

📖 **学一学**

JSON 即 JavaScript 对象表示法，是轻量级的数据交换格式，用来传输由属性值或者序列性的值组成的数据对象。其数据是键值对，存在两种结构：一是对象（Object），用{}表示，如{key1:val1, key2:val2}；二是数组（Array），用[]表示，如[val1, val2, …, valn]。

JSON 格式的读操作如下。

（1）从文件中读取：json.load()。

（2）从字符串变量中读取：json.loads()。

JSON 格式的写操作如下。

（1）写入文件：json.dump()。

（2）写入字符串变量：json.dumps()。

4.7 课堂实训：二手房数据的分析与可视化

【实训目的】

通过本次实训，要求学生熟练掌握 Python 中 Matplotlib 包的使用方法，以及各种常用图表类型的应用。

【实训环境】

PyCharm、Python 3.7、Pandas、NumPy、Matplotlib、sklearn、Requests、BeautifulSoup4、 folium。

【实训内容】

根据项目 3 中的课堂实训（3.5 节）获取的温州市部分行政区内在售二手房数据，对各项内容进行分析和可视化。

1．数据准备

从 3.5 节中保存的 CSV 文件中读取已获取的数据，包括标题、单价、总价、面积、房间数、房龄、地理位置及其他可用信息，并观察和解析数据。

2．箱形图

使用箱形图可视化温州市部分行政区内不同房间数的在售二手房价格分布情况。示例结果如图 4.11 所示。

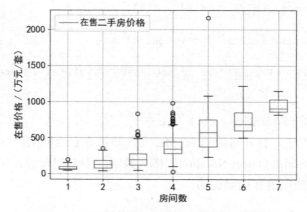

图 4.11　不同房间数的在售二手房价格分布情况

3．散点图

使用散点图可视化温州市部分行政区内在售二手房面积与总价的关系。示例结果如图 4.12 所示。

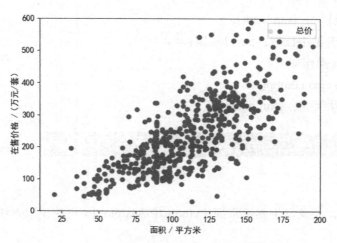

图 4.12　在售二手房面积与总价的相关性分析

4．气泡图

使用气泡图可视化温州市部分行政区内在售二手房面积、房龄与总价的关系。示例结果如图 4.13 所示。

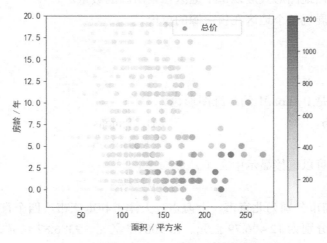

图 4.13　在售二手房面积、房龄与总价的相关性分析

5. 饼图

使用饼图对温州市部分行政区内不同房间数的在售房源占比进行统计。示例结果如图 4.14 所示。

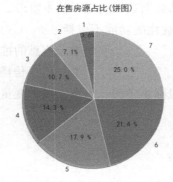

图 4.14　温州市部分行政区内不同房间数的在售房源占比

6. 房屋总价预测

使用多元线性回归对房屋总价进行预测。图 4.15 利用面积、房间数、房龄等因素对房屋总价进行预测。

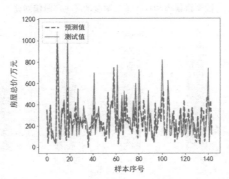

图 4.15　房屋总价预测可视化结果

7. 热力图

（1）调用接口，以地图形式展现每个地区在售房源的数量。

（2）以地图形式展现每个地区在售房源的单价。

4.8 练习题

1. 以下（　　）是 Python 中的二维图形包。

    A. Matplotlib   B. Pandas

    C. NumPy   D. BoKeh

2. Matplotlib 包可以直接显示中文（　　）。

    A. 对   B. 错

3. 我国四个直辖市分别为北京市、上海市、天津市和重庆市。四个直辖市 2017 年第二季度的地区生产总值分别为 12 406.79 亿元、13 908.57 亿元、9386.87 亿元、9143.64 亿元。要比较这样一组数据，我们使用（　　）来进行可视化会比较合适。

    A. 折线图   B. 饼图

    C. 柱状图   D. 直方图

4. 数据可视化的主要作用包括＿＿＿＿＿＿＿＿＿＿、＿＿＿＿＿＿＿＿＿与＿＿＿＿＿＿＿＿三个方面，这也是可视化技术支持计算机辅助数据认知的三个基本阶段。

5. 从宏观角度来看，数据可视化的功能不包括（　　）。

    A. 信息记录   B. 信息的推理分析

    C. 信息清洗   D. 信息传播

6. 散点图矩阵通过（　　）坐标系中的一组点来展示变量之间的关系。

    A. 一维   B. 二维

    C. 三维   D. 多维

7. 数据可视化的内涵是什么？

【参考答案】

1. A。

2. B。需要对字体进行设置。

3. C。示例如图 4.16 所示。

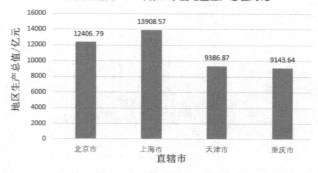

图 4.16　四个直辖市 2017 年第二季度地区生产总值对比

4．数据可视化的主要作用包括数据记录和表达、数据操作与数据分析三个方面，这也是可视化技术支持计算机辅助数据认知的三个基本阶段。

5．C。

6．B。

7．数据可视化是关于数据视觉表现形式的科学技术研究。它通过计算机图形图像等技术手段展现数据的基本特征和隐含规律，辅助人们更好地认识和理解数据，进而支持从庞杂的数据中获取需要的领域信息和知识，将复杂的数据转换为更容易理解的方式传递给受众。

身高与体重数据分析（分类器）

- 进一步掌握数据分析的过程，加深对模型建立与分析过程的理解。
- 进一步掌握数据分析常用包：NumPy 、Pandas、Matplotlib 等。
- 掌握机器学习、监督学习的基本概念。
- 了解常用的分类方法及其参数调整过程与应用环境。
- 了解 sklearn 包中分类方法的使用，比如，逻辑回归、朴素贝叶斯、决策树、支持向量机（线性分类）等。
- 掌握模型评估报告的生成方法及具体指标含义。
- 进一步掌握散点图的使用，包括颜色、形状等设置。

5.1 背景知识

5.1.1 机器学习

常用的机器学习方法主要包括监督学习（Supervised Learning）、无监督学习（Unsupervised Learning）、半监督学习和强化学习 4 种，如图 5.1 所示。传统机器学习方法中的监督学习又分为分类和回归。分类和回归问题几乎涵盖了现实生活中所有的数据分析的情况，两者的区别主要在于我们关心的预测值是离散的还是连续的。分类针对的是离散的数据，而回归针对的是连续的数据。

图 5.1　常用的机器学习方法

例如，预测明天下雨或不下雨的问题就是一个分类问题，因为预测结果只有两个值：下雨和不下雨（离散的）。预测中国未来的国内生产总值（GDP）就是一个回归问题，因为预测结果是一个连续的数值。在某些情况下，通过把连续的数值进行离散化，回归问题就可以转化为分类问题。

5.1.2 监督学习

监督学习是指使用已知正确答案的示例来训练模型。假设我们需要训练一个模型，让其从照片库中（其中包含本人的照片）识别出自己的照片，那么图 5.2 显示了在这个假设场景中所要采取的监督学习的应用步骤。

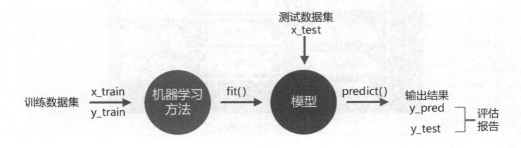

图 5.2　监督学习的应用步骤

- 步骤 1：数据集的创建和分类。

首先，我们要浏览所有的照片（数据集），确定其中含有自己的照片，并对其进行标注。然后把所有照片分成两部分。使用第一部分（训练数据集）来训练模型，而通过第二部分（验证数据集、测试数据集）来查看训练好的模型在选择照片操作上的准确程度。

在数据集准备就绪后，将照片提供给模型。在数学上，我们的目标就是在模型中找到一个函数，这个函数的输入是一张照片，而当自己的头像不在照片中时，其输出为 0，否则输出为 1。

此步骤通常称为分类任务（Categorization Task）。在这种情况下，我们进行的通常是一个结果为是或否的训练。当然，监督学习也可以用于输出一组值，而不仅仅是 0 或 1。例如，我们可以用它来输出一个人偿还信用卡贷款的概率，在这种情况下，输出值就是 0～100 的任意值。这些任务我们称为回归。

- 步骤 2：训练。

既然我们已经知道哪些照片包含自己的照片，那么就可以告诉模型它的预测是对还是错的，然后将这些信息反馈（Feed Back）给模型。

监督学习使用的这种反馈，就是一个量化"真实答案与模型预测有多少偏差"的结果的函数。这个函数称为成本函数（Cost Function），也称为目标函数（Objective Function）、效用函数（Utility Function）或适应度函数（Fitness Function）。该函数的结果可用于修改一个反向传播（Backpropagation）过程中节点之间的连接强度和偏差，因为信息从结果节点"向后"传播。每张照片都重复此操作。在训练过程中，算法都在尽量地最小化成本函数。

- 步骤 3：验证。

处理好所有照片后，接下来就可以去测试该模型了。我们应充分利用好第二部分照片，使用它们来验证训练出的模型是否可以准确地挑选出含有本人在内的照片。

- 步骤 4：使用。

最后，有了一个准确的模型后，就可以将该模型部署到应用程序中。可以将模型定义为 API 调用，然后从软件中调用该模型，使用模型进行推理并给出相应的结果。针对不同的应用（回归或分类），常用的监督学习如图 5.3 所示。

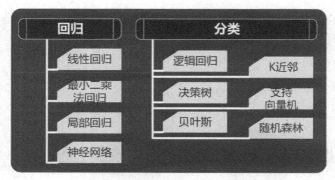

图 5.3　常用的监督学习

然而，有时要得到一个标记好的数据集可能需要付出很高的代价。因此，只有确保预测的价值能够超过获得标记数据的成本才是值得的。例如，获得可能患有癌症的人的标签需要 X 射线，这种代价是非常昂贵的。但是，获得产生少量假阳性和少量假阴性的准确模型的值，这种可能性就是非常高的。这时候可以使用无监督学习。

无监督学习适用于有数据集但无标签的情况。无监督学习包括自编码（Auto Encoding）、主成分分析（Principal Components Analysis）、随机森林（Random Forests）、K 均值（K-Means）。这些将在后面章节中详细介绍。

5.1.3　分类器

在机器学习中，分类器的作用是在标记好类别的训练数据基础上判断一个新的观察样本所属的类别。分类器依据学习的方式可以分为无监督学习和监督学习。

无监督学习顾名思义指的是给予分类器学习的样本但没有相对应类别的标签，主要是寻找未标记数据中的隐藏结构。监督学习通过标记的训练数据推断出分类函数，分类函数可以用来将新样本映射到对应的标签中。在监督学习中，每个训练样本包括训练样本的特征和相对应的标签。监督学习的流程包括确定训练样本的类型、收集训练样本集、确定学习函数的输入特征、确定学习函数的结构和对应的学习方法、完成整个训练模块设计、评估分类器的正确率。

本项目通过对身高、体重、性别数据的分析，来介绍监督学习中的分类方法。

5.2　使用分类方法进行性别分类

男性、女性的平均身高与体重不同，那么可否从身高、体重数据上找出与性别的关联？如果能够找出关联，那么我们就可以根据身高、体重数据来判定性别。

5.2.1　逻辑回归

线性回归方法一般只用于回归分析、预测连续值等，当需要进行分类时又该如何处理呢？比如，我们想根据身高、体重数据来判定性别，结果要么是男要么是女。此时，线性回归方法就不适用了。

下面，我们来学习一种最基本的分类方法，即逻辑回归（Logistic Regression）。虽然它也是线性回归方法，但是与其他线性回归方法有所不同。逻辑回归的预测结果只有两种。尽管逻辑回归的名字包含回归，但它却是一个用于分类的线性模型。因此，需要注意的是，逻辑回归是用来进行数据分类的，而不是进行回归分析的。

逻辑回归只有两种结果，把数据结果拟合映射到 1 和 0 上，这时就需要构造一个函数，使得该函数的结果只有 0 和 1。

✎ 动一动

使用逻辑回归并根据 hw.csv 文件中的身高、体重数据进行性别判定。

性别判定的两种结果，即男和女，可以直接映射为 1 和 0。项目中使用的 hw.csv 文件中的数据，包含了性别、年龄、身高、体重等数据项。性别项的值为字符类型，其中 F 代表女，M 代表男。为了分析数据，我们需要将两者分别映射为 1 和 0，再进行逻辑回归分类，具体应用步骤如下。

• 步骤一：读取数据，主要代码如下。

```
#coding:utf-8
import pandas as pd
df= pd.read_csv('hw.csv', delimiter=',')
df.head()
```

读取的部分数据如图 5.4 所示。

	Gender	Age	Height	Weight
0	M	21	163	60
1	M	22	164	56
2	M	21	165	60
3	M	23	168	55
4	M	21	169	60

图 5.4　读取的部分数据

• 步骤二：数据预处理。使用标签映射，对性别进行数值化处理，代码如下。

```
from sklearn import preprocessing
# 类型转换
df['Weight'] = df['Weight'].astype(float)
df['Height'] = df['Height'].astype(float)
# 对性别进行数值化处理
le = preprocessing.LabelEncoder()
df['Gender2'] = le.fit_transform(df['Gender'])
df.head()
```

运行以上代码，结果如图 5.5 所示。

	Gender	Age	Height	Weight	Gender_2
0	M	21	163.0	60.0	1
1	M	22	164.0	56.0	1
2	M	21	165.0	60.0	1
3	M	23	168.0	55.0	1
4	M	21	169.0	60.0	1

图 5.5　标签映射结果

- 步骤三：对原始数据进行可视化，主要代码如下。

```
import matplotlib.pyplot as plt
plt.rcParams['font.sans-serif'] = ['SimHei']
plt.rcParams['axes.unicode_minus'] = False

X = df[['Height', 'Weight']]
Y = df[['Gender_2']]

plt.figure()
plt.scatter(df[['Height']],df[['Weight']],c=Y,s=80,edgecolors='black',linewidths=1,
cmap=plt.cm.Paired)
plt.title('性别判定（实际值）')
plt.xlabel('身高/厘米')
plt.ylabel('体重/千克')
plt.show()
```

hw.csv 文件中的原始数据相对较少，下面用散点图显示原始数据，以观察数据分布情况。显示结果如图 5.6 所示。

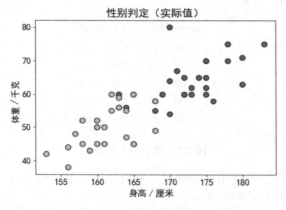

图 5.6　身高、体重数据的可视化（一）

- 步骤四：可视化进阶，使用不同的形状和颜色代表不同的性别。

```
# 分两组来进行显示
xcord11 = [];
xcord12 = [];
ycord1 = [];
xcord21 = [];
xcord22 = [];
ycord2 = [];
n = len(Y)
for i in range(n):
    # 性别为男的放在第一组中
    if int(Y.values[i])== 1:
        xcord11.append(X.values[i,0]);
        xcord12.append(X.values[i,1]);
        ycord1.append(Y.values[i]);
    # 性别为女的放在第二组中
    else:
```

```
        xcord21.append(X.values[i,0]);
        xcord22.append(X.values[i,1]);
        ycord2.append(Y.values[i]);

plt.figure()
plt.scatter(xcord11, xcord12, c='red', s=80, edgecolors='black', linewidths=1,
marker='s')
plt.scatter(xcord21, xcord22, c='green', s=80, edgecolors='black', linewidths=1)
plt.title('性别判定（实际值）')
plt.xlabel('身高/厘米',size = 15)
plt.ylabel('体重/千克',size = 15)
plt.show()
```

运行以上代码，结果如图 5.7 所示，其中正方形标记代表男性，圆形标记代表女性（图中不再指示）。易得出，男性的身高、体重普遍高于女性。显然，性别与身高、体重存在一定的关联。为简化，后续图中的单位不再列出。

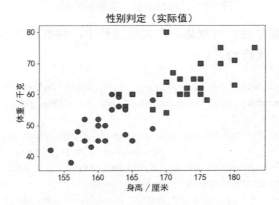

图 5.7 身高、体重数据的可视化（二）

获取数据之后，可尝试使用逻辑回归方法对数据进行训练（暂时使用所有历史数据进行训练）。其中输入为身高、体重，输出为性别。

- 步骤五：调用 sklearn 包中的逻辑回归方法对训练数据进行建模与预测。具体代码如下。

```
from sklearn import linear_model
# 初始化回归模型
classifier = linear_model.LogisticRegression(solver='liblinear', C=100)
# 拟合
classifier.fit(X, Y.values.ravel())
# 给出待预测的一个特征
output = classifier.predict(X)
output = output.reshape(len(output),1)
```

- 步骤六：对原始数据进行预测，结果的可视化参考代码如下。

```
plt.figure()
plt.scatter(df[['Height']],df[['Weight']],c=output,s=80,edgecolors='black',linewidths=1,cmap=plt.cm.Paired)
plt.title('性别判定（线性分类器，预测值）')
plt.xlabel('身高')
plt.ylabel('体重')
plt.show()
```

为了显示方便，图 5.8 中使用不同的形状来表示性别。通过对比图 5.8 中的（a）和（b），不难发现，中间的部分数据预测结果并不准确。

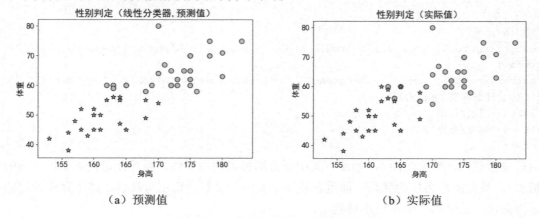

（a）预测值 （b）实际值

图 5.8　性别预测值与实际值的对比

- 步骤七：将分类模型进行可视化。在实现过程中，将数据分为两部分，让模型的判定结果更具直观性，代码如下。

```
plt.figure()
x_min, x_max = df[['Height']].values.min()- 1.0, df[['Height']].values.max()+ 1.0
y_min, y_max = df[['Weight']].values.min()- 1.0, df[['Weight']].values.max()+ 1.0
step_size = 0.2
x_values, y_values = np.meshgrid(np.arange(x_min,x_max,step_size),
                                 np.arange(y_min,y_max,step_size))
mesh_output = classifier.predict(np.c_[x_values.ravel(),y_values.ravel()])
mesh_output = mesh_output.reshape(x_values.shape)
plt.pcolormesh(x_values,y_values,mesh_output,cmap=plt.cm.gray)
plt.scatter(df[['Height']],df[['Weight']],c=Y,s=80,edgecolors='black',linewidths=1,
cmap=plt.cm.Paired)
plt.title('性别判定（实际值）-逻辑回归')
plt.xlabel('身高')
plt.ylabel('体重')
plt.show()
```

上述代码对坐标系中的数据进行了细分，同时进行了预测，结果如图 5.9 所示。其中，白色部分的数据被判定为男性，黑色部分的数据被判定为女性。更容易看出，边界处的部分数据的预测结果是不准确的。

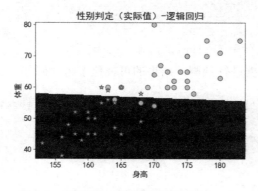

图 5.9　逻辑回归分类模型的可视化（一）

📖 **学一学**

必须知道的知识点。

1）逻辑回归

如图 5.10 所示，逻辑回归方法的原理是找到一条线，但不是去拟合每个数据点，而是把不同类别的样本区分开来。

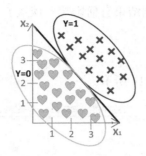

图 5.10　逻辑回归方法的原理

逻辑回归的优点在于速度快、简单、可解释性好（直接看到各个特征的权重）、易扩展（能容易地更新模型吸收新的数据）。如果需要得到一个概率框架，动态调整分类阈值即可。同时，它的缺点在于该方法的特征处理复杂，需要进行归一化处理和创建较多的特征工程。

在现实生活中，逻辑回归常常用于数据挖掘、疾病自动诊断、经济预测等领域。

2）sklearn 包中的逻辑回归函数 LogisticRegression()

LogisticRegression()函数属于 sklearn 包中的线性模型。其说明如下。

```
class sklearn.linear_model.LogisticRegression
            (penalty='l2', dual=False, tol=0.0001, C=1.0, fit_intercept=True,
            intercept_scaling=1, class_weight=None, random_state=None, solver=
'liblinear',
            max_iter=100, multi_class='ovr', verbose=0, warm_start=False, n_jobs=1)
```

LogisticRegression()函数中的主要参数说明如表 5.1 所示。

表 5.1　LogisticRegression()函数中的主要参数说明

序　号	参　数　名	类　型	默　认　值	作　用
1	solver	字符串	liblinear	用来指定优化算法。对于小的数据集可使用 liblinear，而对于大的数据集，则使用 sag、saga，其速度更快
2	C	浮点型	1.0	惩罚因子，正则化系数 λ 的倒数，必须是正浮点型。像 SVM 一样，越小的数值表示越强的正则化，用于防止过拟合
3	max_iter	整型	100	用来指定 solver 的最大迭代次数
4	n_jobs	整型	None	在进行并行运算时使用的 CPU 核心数

参数 solver 对优化算法进行选择，决定了对逻辑回归损失函数的优化方法。可选的参数值有 newton-cg、lbfgs、liblinear、sag、saga。默认值为 liblinear，liblinear 使用了开源的 liblinear 包实现，内部使用了坐标轴下降法来迭代优化损失函数。lbfgs 是拟牛顿法的一种方法，利用损失函数的二阶导数矩阵，即海森矩阵来迭代优化损失函数。newton-cg 是牛顿法的一种。sag 是随机平均梯度下降算法，是梯度下降算法的变种，和普通梯度下降算法的区别在于，其每次迭代仅仅用一部分的样本来计算梯度。saga 则是线性收敛的随机优化算法的变种。

3）ravel()方法

y.values.ravel()方法表示将 y 的值转化为一维的向量。

4）reshape()方法

output.reshape(len(output),1)中的 reshape()是数组对象中的方法，用于改变数组的形状。

想一想

当改变 C 值时，对模型与预测结果有何影响？谈谈 C 的作用与影响，并找出更适合上述过程中的 C 值。

练一练

（1）可视化进阶，结果如图 5.11 所示。

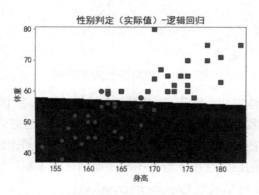

图 5.11　逻辑回归分类模型的可视化（二）

（2）将数据切分为训练集与测试集，并用精确率的指标判断模型的优劣。

逻辑回归的目的是寻找一个非线性函数 sigmoid()的最佳拟合参数，在求解过程中用最优化算法完成。该算法的优点是容易理解与实现，计算代价不高。

5.2.2　朴素贝叶斯

贝叶斯分类方法是分类方法的总称。贝叶斯分类方法以样本可能属于某类的概率作为分类依据。其中，朴素贝叶斯（Naive Bayes）是贝叶斯分类方法中最简单的一种。它会单独考量每一维特征被分类的条件概率，进而综合这些概率并对其所在的特征向量做出分类预测。它的思想为如果一个事物在一些属性条件发生的情况下，事物属于 A 的概率大于属于 B 的概率，则判定事物属于 A。通俗来说，在街上看到一个黑人，猜这个人是从哪里来的，你十有八九会猜非洲，为什么呢？

在脑海中，有这样一个判断流程：①这个人的肤色是黑色，即肤色是指定的特征。②黑色人种是非洲人的概率最高。此时，使用了条件概率，即当肤色是黑色的条件下，这个人是非洲人的概率最高。③在没有其他辅助信息的情况下，最好的判断就是非洲人。这就是朴素贝叶斯的思想基础。

再扩展一下，假如在街上看到一个黑人讲英语，那我们是怎么去判断他来自哪里的呢？这时，提取的特征是二维的，其中，一维特征是肤色，其值是黑色的；另一维特征是语言，其对应的值是英语。假设黑色人种来自非洲的概率是 80%，黑色人种来自北美洲的概率是 20%；讲英语的人来自非洲的概率是 10%，讲英语的人来自北美洲的概率是 90%。

在我们的自然思维方式中，就会这样判断：这个人（讲英语的黑人）来自非洲的概率是 80% ×10%＝0.08，这个人来自北美洲的概率是 20%×90%＝0.18。我们的判断结果就是，此人应该来自北美洲！

朴素贝叶斯基于条件概率的思想，用来做分类决策。

动一动

使用朴素贝叶斯并根据 hw.csv 文件中的身高、体重数据进行性别判定。

接下来，我们将使用朴素贝叶斯，并根据身高与体重数据来对性别进行判定。其数据读取与可视化部分与上一节相同，不再详述。差别在于方法的调用，参考代码如下。

```
from sklearn.naive_bayes import MultinomialNB
# 建立朴素贝叶斯模型
classifier = MultinomialNB()
# 拟合
classifier.fit(X, Y.values.ravel())
# 给出待预测的一个特征
output = classifier.predict(X)
output = output.reshape(len(output),1)
```

补充可视化代码后，朴素贝叶斯分类模型的可视化结果如图 5.12 所示。

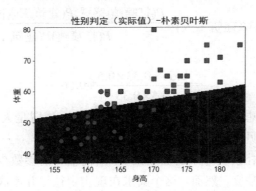

图 5.12　朴素贝叶斯分类模型的可视化结果

学一学

必须知道的知识点。

1）朴素贝叶斯的原理

贝叶斯分类方法是基于贝叶斯定理的统计学分类方法。朴素贝叶斯假定一个属性值在给定类上的概率独立于其他属性的值，这一假定称为类条件独立性。它通过预测一个给定的元素属于一个特定类的概率来进行分类。朴素贝叶斯的原理如图 5.13 所示。

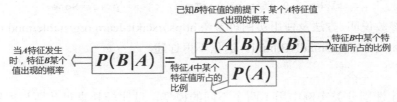

图 5.13　朴素贝叶斯的原理

在统计资料的基础上，依据某些特征，计算各个类别的概率，从而实现分类。比如，某个医院早上收了 6 个门诊病人，现在又来了第 7 个病人，是 1 个打喷嚏的建筑工人。请问他患上感冒的概率有多大？

从上述内容中可提取 3 个特征：职业、症状、诊断结果，即疾病类型。这些特征值出现的历史数据如表 5.2 所示。

表 5.2　疾病诊断历史数据

序　号	症　状	职　业	疾病类型
1	打喷嚏	护士	感冒
2	打喷嚏	农夫	过敏
3	头痛	建筑工人	脑震荡
4	头痛	建筑工人	感冒
5	打喷嚏	教师	感冒
6	头痛	教师	脑震荡

现在根据新的数据，判断这个建筑工人患上感冒的概率是多少。利用条件概率，计算过程如下。

$$P(\text{感冒}|\text{打喷嚏\&建筑工人})=\frac{P(\text{打喷嚏}|\text{感冒})P(\text{建筑工人}|\text{感冒})P(\text{感冒})}{P(\text{打喷嚏})P(\text{建筑工人})}$$

$$=\frac{0.66\times0.33\times0.5}{0.5\times0.33}=0.66$$

因此，这个建筑工人患上感冒的概率是 0.66。显然，感冒是大概率事件。在仅有以上历史数据条件下，利用朴素贝叶斯就可以将其诊断为感冒。

基于条件概率思想的朴素贝叶斯的优点在于，所需估计的参数少，对于缺失数据不敏感。但它假设了属性之间相互独立。然而，这个要求在现实中往往并不成立。比如，一个人分别喜欢吃番茄、鸡蛋，但他并不喜欢吃番茄炒蛋。另外，它的缺点还在于需要知道先验概率，分类决策错误率高。

在现实应用中，朴素贝叶斯被广泛应用于互联网新闻的分类、垃圾邮件的筛选、病人的分类等领域。很多时候，该方法在训练时没有考虑各个特征之间的联系，所以对于数据特征关联性较强的分类任务表现并不好。

2）sklearn 包中的 MultinomialNB()

MultinomialNB()朴素贝叶斯分类器的主要参数如下。

```
class sklearn.naive_bayes.MultinomialNB
                (alpha=1.0, fit_prior=True, class_prior=None)
```

其具体的参数说明、方法及使用实例可参考 https://scikit-learn.org/stable/modules/ generated/ sklearn.naive_bayes.MultinomialNB.html。这里不再详述。

📚 **想一想**

（1）在上述性别分类实例中用了两个不同的模型，试比较朴素贝叶斯与逻辑回归方法的不同与优劣。

（2）朴素贝叶斯是线性分类器吗？朴素贝叶斯一定是二元分类器吗？

✎ **练一练**

将上述性别分类实例中的数据集分为训练集与测试集，并调用 sklearn 包中的函数 classification_ report(y_predict, y_test)来分析模型的精确率。

5.2.3　决策树

决策树是一种树形结构，其中每个内部节点表示一个属性上的判断，每个分支代表一个判断结果的输出，最后每个叶节点代表一种分类结果。通过学习样本得到一个决策树，这个决策树能够对新的数据给出正确的分类。决策树的生成算法有 ID3、C4.5 和 C5.0 等。

以下是决策树的一般学习过程。

（1）特征选择：从训练数据集的特征中选择一个特征作为当前节点的分裂标准（特征选择的标准不同会产生不同的特征决策树）。

（2）决策树生成：根据所选特征评估标准，从上至下递归地生成子节点，直到数据集不可分，则停止决策树生成。

（3）剪枝：决策树容易过拟合，所以需要通过剪枝（包括预剪枝和后剪枝）来缩小树的结构和规模。

✎ **动一动**

使用决策树并根据 hw.csv 文件中的身高、体重数据进行性别判定。

调用 sklearn 包中的决策树，对数据进行训练，对应的主要代码如下。

```python
from sklearn.tree import DecisionTreeClassifier
# 建立决策树模型
classifier = DecisionTreeClassifier()
# 数据训练
classifier.fit(X, Y.values.ravel())
```

决策树分类模型的可视化结果如图 5.14 所示。

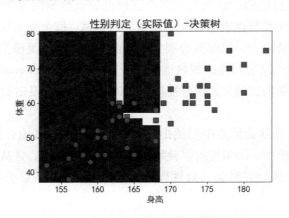

图 5.14　决策树分类模型的可视化结果

下面，使用分类报告来评估模型的优劣。在评估模型时，需要将原始数据集切分为训练集与测试集，并用 sklearn 包中的函数 classification_report(y_predict, y_test)来计算评估结果。

首先需要对数据集进行切分，代码如下。

```
from sklearn.model_selection import train_test_split
from sklearn.metrics import classification_report
# 切分数据集
x_train, x_test,y_train, y_test=train_test_split(X,Y,train_size=0.7,test_size = 0.3)
# 建立决策树模型
classifier = DecisionTreeClassifier()
# 拟合
classifier.fit(x_train, y_train.values.ravel())
# 给出待预测的一个特征
y_predict = classifier.predict(x_test)
print(classification_report(y_predict,y_test))
```

上述代码中调用的 sklearn.metrics.classification_report()函数用来显示分类模型的评估指标。运行结果显示的评估报告如图 5.15 所示。

	precision	recall	f1-score	support
0	1.00	0.80	0.89	10
1	0.75	1.00	0.86	6
avg / total	0.91	0.88	0.88	16

图 5.15 决策树分类模型的评估报告

sklearn 包的 classification_report()函数文本报告中显示每个类的精确率、召回率、F1 分数等信息。F1 分数是精确率和召回率的调和平均值。精确率和召回率都高时，F1 分数也会高。F1 分数为 1 时达到最佳值（完美的精确率和召回率），最差则为 0。在二元分类中，F1 分数是测试精确率的量度。在图 5.15 显示的评估报告中，类别 0 中的样本有 10 个，精确率为 1.00，召回率为 0.80，F1 分数为 0.89。

📖 学一学

必须知道的知识点。

1）决策树分类器

决策树是一种简单且使用广泛的分类器，它通过训练数据构建决策树，对未知的数据进行分类。决策树的每个内部节点表示在一个属性上的测试，每个分支代表测试的一个输出，而每个叶节点存放着一个类标号。以邮件分类为例，说明决策树分类模型的基本思路，如图 5.16所示。判定规则有两项：发送邮件的域名地址是否为 myEmployer.com、是否为包含单词"曲棍球"的邮件。判定结果为三项：无聊时需要阅读的邮件、需要及时处理的朋友邮件，以及无须阅读的垃圾邮件。

决策树学习的本质是从训练集中归纳出一组分类规则，或者由训练数据集（Training Set Images）估计条件概率模型。决策树可以使用不熟悉的数据集合，并从中提取一系列特征，确定出哪个特征在划分数据分类时起决定性作用，或者使用哪个特征分类能实现最好的分类效果，即机器学习的过程。

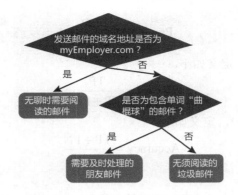

图 5.16 决策树分类模型的基本思路

决策树的优点在于，它不需要掌握任何领域的知识或参数假设，适合高维数据，简单易于理解，在短时间内可处理大量不相关数据，能够得到可行且效果较好的结果。主要缺点是各类别样本数量不一致的数据不适用；信息增益偏向于那些具有更多数值的特征；同时，它易于产生过拟合、忽略属性之间的相关性、不支持在线学习。目前，决策树主要应用于经济领域中的期权定价、市场和商业发展中的评估。

2）sklearn 包中的 DecisionTreeClassifier()

DecisionTreeClassifier()的主要参数如下。

```
sklearn.tree.DecisionTreeClassifier(
    criterion='gini', splitter='best', max_depth=None, min_samples_split=2,
    min_samples_leaf=1,min_weight_fraction_leaf=0.0, max_features=None,
    random_state=None, max_leaf_nodes=None, min_impurity_decrease=0.0,
    min_impurity_split=None, class_weight=None, presort=False
    )
```

其中，参数 criterion 是特征选择的标准，有信息增益和基尼系数两种，使用信息增益的是 ID3 和 C4.5 算法（使用信息增益比），使用基尼系数的是 CART 算法，默认是基尼系数。参数 splitter 用于指定特征切分点的选择标准。决策树是递归地选择最优切分点的，splitter 是用来指明在哪个集合上进行递归的，有"best"和"random"两个参数值可以选择，"best"表示在所有特征上进行递归，适用于数据集较小的情况；"random"表示随机选择一部分特征进行递归，适用于数据集较大的情况。参数 max_depth 说明了决策树的最大深度，决策树模型先对所有数据集进行切分，再在子数据集上继续循环这个切分过程，max_depth 可以理解成是用来限制循环次数的。

3）模型评估的指标

机器学习的方法不分优劣，只有是否适合。如何评价方法的适合度呢？一般通过定义以下 4 个概念来进行评价。

（1）TP（True Positive）：表示正样本被识别为正样本（抓对了）。

（2）TN（True Negative）：表示负样本被识别为负样本（不该抓也没抓）。

（3）FN（False Positive）：表示正样本被识别为负样本（漏抓了）。

（3）FP（False Negative）：表示负样本被识别为正样本（抓错了）。

对应常用的评价指标有以下 3 种。

（1）精确率（Precision），定义如下。

$$Precision = \frac{TP}{TP+FP}$$

（2）召回率（Recall），定义如下。

$$Recall = \frac{TP}{TP + FN}$$

（3）精准率（Accuracy），定义如下。

$$Accuracy = \frac{TP + FN}{All}$$

其中，All 代表所有的样本。

（4）F1 分数（F1-Score）可以看作模型精确率和召回率的一种加权平均，其定义如下。

$$F1\text{-}Score = 2 \times \frac{Precision \times Recall}{Precision + Recall}$$

4）sklearn 包中的 classification_report()

classification_report()的主要参数如下。

```
sklearn.metrics.classification_report(
    y_true, y_pred, labels=None, target_names=None, sample_weight=None,
    digits=2, output_dict=False
    )
```

其中，参数 y_true 是一维数组，用于指定真实数据的分类标签；参数 y_pred 用于指定对应模型预测的分类标签；参数 labels 是列表，用于说明需要评估的标签名称；参数 target_names 用于指定标签名称；参数 sample_weight 用于设定不同数据点在评估结果中所占的权重；参数 digits 用于指定评估报告中小数点的保留位数，如果 output_dict=False，则此参数不起作用，对返回的数值不做处理；如果 output_dict=True，评估结果则以字典形式返回。

想一想

（1）决策树是线性分类器吗？决策树可以是多元分类器吗？

（2）试比较决策器与逻辑回归的不同及优劣。

学一学

拟合与过拟合。

为了表述分类过程中欠拟合（Under Fitting）、正常拟合（Appropriate Fitting）、过拟合（Over Fitting）的概念，针对离散数据集和连续数据集分别给出了如图 5.17 和图 5.18 所示的图形。其中，对应的图（a）是欠拟合，一条直线用于拟合样本，样本分布比较分散，直线难以拟合全部训练集样本，所以模型拟合能力不足。对应的图（b）的曲线就很好地拟合了样本，虽然并没有完全与这些样本点重合，但是曲线比较贴近样本分布轨迹。对应的图（c）是过拟合，曲线很好地拟合了样本，与样本非常重叠，但同时样本中的噪音数据也被拟合，噪音数据影响了模型训练。

过拟合会造成模型变得复杂。此外，为尽可能拟合训练集，过拟合会造成在训练集上的精确率特别高。但训练集中可能会存在"脏数据"，这些"脏数据"会成为负样本而造成模型训练出现误差。模型在训练的时候并不清楚哪些是"脏数据"，它只会不停地去拟合这些数据。所以，过拟合的模型在训练集上的精确率特别高。

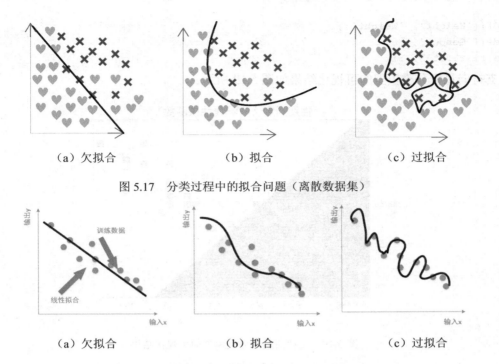

图 5.17　分类过程中的拟合问题（离散数据集）

（a）欠拟合　　　　　　（b）拟合　　　　　　（c）过拟合

图 5.18　回归过程中的拟合问题（连续数据集）

欠拟合比较好理解，就是模型简单或数据集偏少、特征太多，在训练集上的精确率不高，同时在测试集上的精确率也不高，这样如何训练都无法训练出有意义的参数，模型也得不到较好的效果。

5.2.4　支持向量机

支持向量机和线性分类器是分不开的。因为支持向量机的核心是在高维空间中和在线性可分（如果线性不可分，那么就使用核函数将数据转换为更高维的，从而变得线性可分）的数据集中寻找一个最优的超平面将数据集分割开。它的目的是寻找一个超平面来对样本进行分割，分割的原则是间隔最大化，最终转化为一个凸二次规划问题进行求解。对应的决策边界是求解学习样本的最大边距超平面（Maximum-margin Hyperplane）。

要理解支持向量机，首先要明白线性可分和线性分类器的含义。在二维空间中，如果能找到一条直线把两类数据分开，那么数据样本就是线性可分的。而这条直线其实就是线性分类器。该直线也就是我们所说的超平面，在二维空间中它是一条直线，在三维空间中它是一个平面。以此类推，如果不考虑空间维数，则这样的线性函数统称为超平面。

📚 **动一动**

使用支持向量机并根据 **hw.csv** 文件中的身高、体重数据进行性别判定。

* 步骤一：使用支持向量机进行数据分析，代码如下。

```
from sklearn.svm import SVC
# 建立支持向量机线性分类器模型
params = {'kernel':'linear'}
classifier = SVC(**params)
# 拟合
```

```
X = df[['Height', 'Weight']]
Y = df[['Gender']]
classifier.fit(X, Y)
```

支持向量机分类模型的可视化结果如图 5.19 所示。

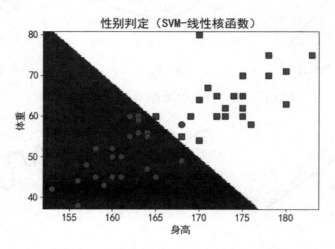

图 5.19　支持向量机分类模型的可视化结果

- 步骤二：显示模型评估报告。

```
#评估报告
from sklearn.metrics import classification_report
print("\n" + "#"*30)
print("\nClassifier performance on training dataset\n")
print(classification_report(Y, classifier.predict(X)))
print("#"*30 + "\n")
```

对支持向量机得到的分类模型进行分析，评估报告如图 5.20 所示。

#############################				
Classifier performance on training dataset				
	precision	recall	f1-score	support
0	0.92	0.92	0.92	25
1	0.92	0.92	0.92	26
avg / total	0.92	0.92	0.92	51
#############################				

图 5.20　支持向量机分类模型的评估报告

📖 学一学

必须知道的知识点。

1）支持向量机

如图 5.21 所示，支持向量机把分类问题转化为寻找分类平面的问题。通过最大化分类边界点与分类平面的距离来实现分类。支持向量机的目标是找到特征空间划分的最优超平面，而最大化分类边界（Margin）的思想是支持向量机的核心。

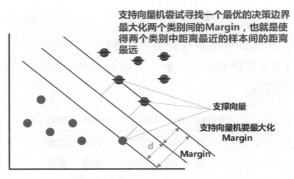

图5.21　使用支持向量机进行分类的基本思想

非线性映射是支持向量机的理论基础，而支持向量机利用内积核函数来代替高维空间的非线性映射。支持向量机有坚实理论基础的新颖的小样本学习方法；支持向量机的最终决策函数只由少数的支持向量所确定，计算的复杂性取决于支持向量的数目，而不是样本空间的维数，这在某种意义上避免了"维数灾难"；支持向量机不但算法简单，而且具有较好的"鲁棒性"。然而，支持向量机对大规模训练样本难以实施。目前，支持向量机主要的应用领域有客户分类、邮件系统中的垃圾邮件筛选、入侵检测系统中的网络行为判定等。

2）sklearn 包中的 SVC()

SVC()是基于 LIBSVM 实现的，所以在参数设置上与 LIBSVM 有很多相似的地方。具体使用如下。

```
sklearn.svm.SVC
        (C=1.0, kernel='rbf', degree=3, gamma='auto', coef0=0.0, shrinking=True,
        probability=False,tol=0.001, cache_size=200, class_weight=None, verbose=
False,
        max_iter=-1, decision_function_shape=None,random_state=None)
```

其中，C 是 SVC 的惩罚参数，默认值是 1.0。C 值越大，则 C 相当于"惩罚松弛变量"，即希望松弛变量接近于 0。这表示对分类样本的惩罚增大，趋向于让训练集的结果呈现高精确率。在这种情况下，对训练集的预测精确率很高，但泛化能力弱。C 值越小，则对误分类结果的惩罚将会减小，允许容错。算法会将这些点处理成噪声点，因此泛化能力较强。对于训练样本中带有噪声的情况，一般采用后者，把训练样本集中错误分类的样本作为噪声。参数 kernel 表示所使用的核函数，默认值是 rbf，可以是 linear、poly、rbf、sigmoid 或 precomputed。参数 degree 表示多项式 poly 的维度，默认值是 3，选择其他核函数时它会被忽略。gamma 则是 rbf、poly 和 sigmoid 的核函数参数，默认值是 auto，表示核函数的参数为 1/n_features。参数 coef0 是核函数的常数项，仅对 poly 和 sigmoid 有用。

关于其他参数的说明，读者可以参考相应的帮助手册。

5.3　使用支持向量机进行肥胖程度分类

标准体重是反映和衡量一个人健康状况的重要标志之一。过胖和过瘦都不利于健康。不同体型的大量统计材料表明，反映正常体重较理想和简单的指标，可用身高与体重的关系来表示。也就是说，我们可以通过身高和体重数据对人的肥胖程度进行分类。

动一动

使用支持向量机对人的肥胖程度进行分类（4 类）。

如图 5.22 所示，给定了肥胖程度（过轻、正常、过重、肥胖）的样本数据。下面根据训练模型的结果来判定肥胖程度。

	Gender	Age	Height	Weight	Class
0	M	21	163.0	60.0	过重
1	M	22	164.0	56.0	正常
2	M	21	165.0	60.0	过重
3	M	23	168.0	55.0	正常
4	M	21	169.0	60.0	正常

图 5.22　肥胖程度的样本数据

- 步骤一：数据准备，从文件中读取数据，并准备好要进行训练的数据。示例代码如下。

```
df= pd.read_csv('hw3.csv', delimiter=',')
df['Weight'] = df['Weight'].astype(float64)
df['Height'] = df['Height'].astype(float64)
# 对肥胖程度的判定结果进行数值化处理
le = preprocessing.LabelEncoder()
df['Class_2'] = le.fit_transform(df['Class'])
df.head()

X = df[['Height', 'Weight']]
Y = df[['Class_2']]
x_train, x_test,y_train, y_test=train_test_split(X,Y,train_size=0.7,test_size=0.3)
```

标签映射结果如图 5.23 所示。

	Gender	Age	Height	Weight	Class	Class_2
0	M	21	163.0	60.0	过重	3
1	M	22	164.0	56.0	正常	0
2	M	21	165.0	60.0	过重	3
3	M	23	168.0	55.0	正常	0
4	M	21	169.0	60.0	正常	0

图 5.23　标签映射结果

- 步骤二：使用支持向量机对模型进行训练，调用的代码如下。

```
# 建立支持向量机分类器模型
params = {'kernel':'linear'}
classifier = SVC(**params)
classifier.fit(x_train, y_train.values.ravel())
x_train, x_test,y_train, y_test=train_test_split(X,Y,train_size=0.7,test_size=0.3)
classifier.fit(x_train, y_train.values.ravel())
```

- 步骤三：产生数据，使用训练好的模型对数据进行预测。

```
x_min, x_max = df[['Height']].values.min()- 1.0, df[['Height']].values.max()+ 1.0
y_min, y_max = df[['Weight']].values.min()- 1.0, df[['Weight']].values.max()+ 1.0
step_size = 0.1
```

```
x_values, y_values = np.meshgrid(np.arange(x_min,x_max,step_size),
                              np.arange(y_min,y_max,step_size))
mesh_output = classifier.predict(np.c_[x_values.ravel(),y_values.ravel()])
mesh_output = mesh_output.reshape(x_values.shape)
plt.figure()
# 预测值
plt.pcolormesh(x_values,y_values,mesh_output,cmap=plt.cm.Paired, alpha=0.5)
# 原始数据
plt.scatter(df[['Height']],df[['Weight']], c=df[['Class_2']], s=80, edgecolors=
'black', linewidths=1, marker='o')
plt.title('肥胖判定（SVM-线性分类器）')
plt.xlabel('身高')
plt.ylabel('体重')
plt.show()
```

运行以上代码，可视化结果如图 5.24 所示。

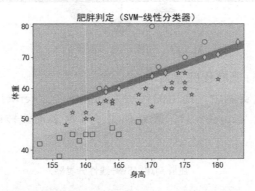

图 5.24　肥胖程度的可视化结果

- 步骤四：使用原始数据对训练好的模型进行评估，并显示评估报告，参考代码如下。

```
# 评估报告
from sklearn.metrics import classification_report
print(classification_report(y_test, classifier.predict(x_test)))
```

得到的分类模型评估报告如图 5.25 所示。

	precision	recall	f1-score	support
0	1.00	1.00	1.00	13
2	1.00	1.00	1.00	2
3	1.00	1.00	1.00	1
avg / total	1.00	1.00	1.00	16

图 5.25　肥胖程度分类模型的评估报告

想一想

若样本线性可分，支持向量机则可以使用 linear 的核函数。那么，能否将支持向量机应用于非线性可分的样本中呢？支持向量机为建立非线性分类器提供了许多选项，需要用不同的核函数建立非线性分类器。支持向量机中的 SVC 中包含多种核函数。SVC(kernel = 'ploy')表示使用多项式核函数；SVC(kernel = 'rbf')则表示算法使用高斯核函数（Radial Basis Function，RBF），又称为径向基函数。

多项式核函数的基本原理是通过升维将原本线性不可分的数据变得线性可分。比如，一维特征的样本有两种类型，分布如图 5.26 所示。显然，它们是线性不可分的。

图 5.26　线性不可分（变换前）

为样本添加一个特征：x^2。使得样本在二维平面内分布，此时样本在 x 轴上的分布位置不变。结果如图 5.27 所示，此时，数据样本是线性可分的。

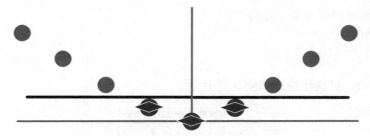

图 5.27　线性可分（变换后）

使用多项式核函数进行肥胖程度分类。

在上一个支持向量机实例中，使用的代码为 params = {'kernel': 'linear'}，可将其替换为 params = {'kernel': 'poly', 'degree': 3}，表示使用了 3 次多项式核函数。运行结果如图 5.28 所示。

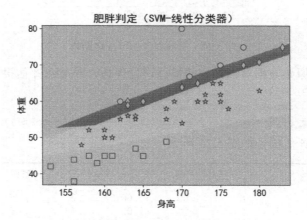

图 5.28　肥胖程度分类结果的可视化（多项式）

模型评估报告如图 5.29 所示。

	precision	recall	f1-score	support
0	1.00	1.00	1.00	8
1	1.00	1.00	1.00	2
2	1.00	1.00	1.00	2
3	1.00	1.00	1.00	4
avg / total	1.00	1.00	1.00	16

图 5.29　模型评估报告

5.4　课堂实训：肥胖分析 1

【实训目的】

通过本次实训，要求学生熟练掌握分类器中监督学习（逻辑回归、朴素贝叶斯、决策树、支持向量机）的应用。

【实训环境】

PyCharm、Python 3.7、Pandas、NumPy、Matplotlib、sklearn。

【实训内容】

1. 使用身高、体重、性别数据进行肥胖程度分类

在生活中，我们经常使用身高、体重、性别数据来判定一个人是否肥胖，超过一定阈值则认为是肥胖的。在本次实训中，已知数据见 CSV 文件（hws31.csv），原始数据结构如图 5.30所示，根据身高、体重和性别，通过已知数据判定一个人是否肥胖。通过选择适当的特征项、监督学习、参数对人员进行"是否肥胖"分类，并评估不同方法的优劣。

	Gender	Age	Height	Weight	BMI	FAT	Class
0	M	21	163	60	22.582709	Y	过重
1	M	22	164	56	20.820940	N	正常
2	M	21	165	60	22.038567	Y	过重
3	M	23	168	55	19.486961	N	正常
4	M	21	169	60	21.007668	N	正常

图 5.30　原始数据结构

提示：首先需要对数据进行预处理，预处理结果如图 5.31 所示。

	Gender	Age	Height	Weight	BMI	FAT	Class	Weight_2	Height_2	Gender_2	FAT_2
0	M	21	163.0	60.0	22.582709	Y	过重	0.523810	0.333333	1	1
1	M	22	164.0	56.0	20.820940	N	正常	0.428571	0.366667	1	0
2	M	21	165.0	60.0	22.038567	Y	过重	0.523810	0.400000	1	1
3	M	23	168.0	55.0	19.486961	N	正常	0.404762	0.500000	1	0
4	M	21	169.0	60.0	21.007668	N	正常	0.523810	0.533333	1	0

图 5.31　数据预处理结果

可视化提高：如何实现对四维数据的可视化，示例如图 5.32 所示，是否肥胖用形状进行标识。其中，五角星表示正常。

2. 使用 BMI 指数数据进行肥胖程度分类

BMI 指数，即身体质量指数，简称体质指数或体重，英文为 Body Mass Index，是用体重千克数除以身高米数的平方得出的数字,是目前国际上常用的衡量人体胖瘦程度以及是否健康的一个标准。BMI 指数主要用于统计用途，当我们需要比较及分析一个人的体重对于不同高度的人所带来的健康影响时，BMI 值是一个中立而可靠的指标。hws31.csv 文件中包含身高、体重、性别、BMI 指数和肥胖程度数据（见图 5.30）。训练一个模型，根据 BMI 指数等数据，

使用不同的方法判定肥胖程度（过轻、正常、过重、肥胖），并对模型进行评估。实现过程与上述类似，不再详述。

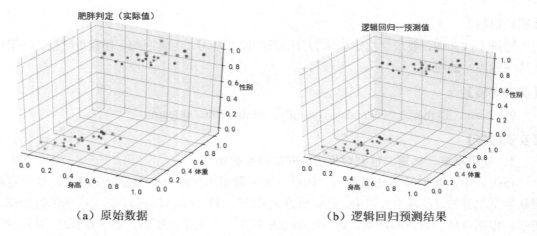

（a）原始数据　　　　　　　　（b）逻辑回归预测结果

图 5.32　四维数据的可视化

5.5　练习题

1. 多选题：下列属于监督学习的有（　　）。

   A．聚类　　　　　　　B．分类　　　　　　　C．回归　　　　　　　D．降维

2. 回归与分类的联系与区别是什么？

3. 什么是过学习、过拟合？

4. 说说逻辑回归与支持向量机的联系与区别。

5. 关于朴素贝叶斯，下列选项中，描述正确的是（　　）。

   A．它假设属性之间相互独立

   B．根据先验概率计算后验概率

   C．对于给定的待分类项 $X=\{a_1, a_2, ..., a_n\}$，求解在此项出现的条件下各个类别 y_i 出现的概率，哪个 $P(y_i|X)$ 最大，就把此待分类项归属于哪个类别

   D．它包括最小错误率判断规则和最小风险判断规则

6. 决策树是一种基本的分类和回归算法。决策树呈星形结构，在分类问题中，表示基于特征对实例进行分类的过程（　　）。

7. 以下关于决策树的说法错误的是（　　）。

   A．冗余属性不会对决策树的精确率造成不利的影响

   B．子树可能在决策树中重复多次

   C．决策树对于噪声的干扰非常敏感

   D．寻找最佳决策树是 NP 完全问题

8. 判断题：

   • K 近邻是最流行的聚类算法（　　）。

- 分类和回归都可用于预测，分类的输出是离散的类别值，而回归的输出是连续数值（　　）。
- 对于支持向量机，待分类样本集中的大部分样本不是支持向量，移去或者减少这些样本对分类结果没有影响（　　）。
- 朴素贝叶斯是一种在已知后验概率与类条件概率的情况下的模式分类方法，待分类样本的分类结果取决于各类域中样本的全体（　　）。
- 分类模型的误差大致分为两种：训练误差（Training Error）和泛化误差（Generalization Error）（　　）。
- 在决策树中，树中节点数变大，即使模型的训练误差还在继续降低，但是检验误差开始增大，这是出现了模型拟合不足的问题（　　）。
- 支持向量机是一个寻找具有最小边缘的超平面的分类器。因此，它也经常被称为最小边缘分类器（Minimal Margin Classifier）（　　）。

【参考答案】

1．BC。

2．分类要求先向模型输入数据的训练样本，然后从训练样本中提取描述该类数据的一个函数或模型。通过该模型对其他数据进行预测和归类，分类是一种对离散型随机变量建模或预测的监督学习，同时产生离散的结果。比如在医疗诊断中判断是否患有癌症，在放贷过程中进行客户评级等。回归与分类一样都是监督学习，因此也需要先向模型输入数据的训练样本，但是与分类的区别是，回归是一种对连续型随机变量进行预测和建模的监督学习，产生的结果也一般是连续型的。

3．过学习也称为过拟和。在机器学习中，由于学习机器过于复杂，尽管保证了分类的精确率很高（经验风险很小），但由于 VC 维太大，所以期望风险仍然很高。也就是说，在某些情况下，训练误差小反而可能导致对测试样本的学习性能不佳。

4．联系：两者都是监督学习的分类算法，都是线性分类方法（不考虑核函数时，都是判别模型）。区别：两者的损失函数不同，逻辑回归是对数损失函数，支持向量机是 hinge 损失函数，支持向量机不能产生概率，逻辑回归可以产生概率；支持向量机自带结构风险最小化，逻辑回归则是经验风险最小化；支持向量机可以用核函数而逻辑回归一般不用核函数。在应用上，根据经验来看，对于小规模数据集，支持向量机的效果要好于逻辑回归，但是在大数据中，支持向量机的计算复杂度受到限制，而逻辑回归因为训练简单，可以在线训练，所以经常会被大量采用。

5．A。根据贝叶斯定理，由先验概率和条件概率计算后验概率。

6．错。决策树是一种基本的分类和回归算法。决策树呈树形结构，在分类问题中，表示基于特征对实例进行分类的过程。决策树的学习过程通常包括特征选择、决策树的生成和决策树的剪枝。

7．C。

8．错、对、对、错、对、错、错。

项目 6

鸢尾花分类

学习目标

- 深入掌握数据分析常用包的基本功能：NumPy、Pandas、Matplotlib 等。
- 了解 K 近邻、随机森林、神经网络等常用机器学习方法及其在数据分析中的应用。
- 掌握 sklearn 包中 KNeighborsClassifier、RandomForestClassifier 和 MLPClassifier 类的使用方法。
- 了解 KNeighborsClassifier、RandomForestClassifier 和 MLPClassifier 的参数调整过程及其不同分类的应用情景。

6.1 背景知识

机器学习中常用的分类方法包括逻辑回归、朴素贝叶斯、决策树、支持向量机、K 近邻（K-Nearest Neighbor，KNN）、集成学习（如随机森林）、神经网络、深度学习等。项目 5 对前 4 种方法有了一个初步的介绍，本章主要介绍 K 近邻、随机森林、神经网络的使用。

1）K 近邻

K 近邻的核心思想是，在特征空间中，如果一个样本的 K 个最相似的样本中的大多数属于某一个类别，则该样本也属于这个类别，并具有这个类别上样本的特性。该方法在确定分类决策上只依据最邻近的一个或者几个样本的类别来决定待分类样本所属的类别。在 K 近邻中，所选择的邻居都是已经正确分类的对象。

2）随机森林

在项目 5 中，我们学习了决策树，那么很容易理解什么是随机森林。随机森林就是通过集成学习的思想将多棵树集成的一种方法，它的基本单元是决策树，而它的本质属于机器学习的一大分支——集成学习。在分类问题中，每棵决策树从直观上讲都是一个分类器，对于一个输入样本，N 棵树会有 N 个分类结果。而随机森林集成了所有的分类投票结果，将投票次数最多的类别指定为最终的输出结果，这是一种十分简单的并行思想。

3）神经网络

神经网络是通过对人脑的基本单元——神经元（Neuron）的建模和连接，探索模拟人脑神经系统功能的模型，并研制一种具有学习、联想、记忆和模式识别等智能信息处理功能的人工系统。神经网络的一个重要特性是它能够从环境中学习，并把学习的结果分布存储于网络的突触连接中。神经网络的学习是一个过程，在其所处环境的激励下，相继给网络输入一些样本模式，并按照一定的规则（学习算法）调整网络各层的权值矩阵，待网络各层权值都收敛到一定值时，学习过程结束。然后我们就可以用生成的神经网络来对真实数据进行分类。

下面我们就以经典的鸢尾花分类为例，对以上 3 种方法进行讲解和说明。

6.2　使用 K 近邻对鸢尾花进行分类

K 邻近是基于实例的分类，属于惰性学习（Lazy Learning），是数据挖掘分类技术中最简单的方法。K 近邻是通过测量不同特征值之间的距离进行分类的。它的思路是：在特征空间中，如果一个样本的 K 个最相似（即在特征空间中最邻近）的样本中的大多数属于某一个类别，则该样本也属于这个类别，其中 K 通常是小于或等于 20 的整数。K 近邻没有明显的训练学习过程，不同 K 值的选择都会对 K 近邻的结果造成重大影响。K 近邻的结果在很大程度上取决于 K 值的选择，其方法的训练过程描述如下。

（1）计算测试数据与各个训练数据之间的距离。

（2）按照距离的递增关系进行排序。

（3）选取距离最小的 K 个点。

（4）确定前 K 个点所在类别的出现频率。

（5）将返回前 K 个点中出现频率最高的分类结果作为测试数据的预测分类结果。

K 近邻可以应用到很多情景中，比如，如果要预测某一套房子的单价，就可以参考最相似的 K 套房子的价格，比如相似特征可以是距离最近、户型最相似等。

动一动

下面以鸢尾花的公开数据集为例，说明 sklearn 包中 K 近邻的使用。

数据集（iris.csv）以鸢尾花的特征作为数据源，包含 150 个数据，根据鸢尾花 4 个不同的特征将数据集分为 3 个品种，分别是山鸢尾（Setosa）、变色鸢尾（Versicolor）和维吉尼亚鸢尾（Virginica）。每个品种均有 50 个数据，每一朵鸢尾花的 4 个独立的属性，分别为花萼长度（Sepal Length）、花萼宽度（Sepal Width）、花瓣长度（Petal Length）和花瓣宽度（Petal Width）。iris.csv 文件中的部分数据集如图 6.1 所示。

	Id	SepalLengthCm	SepalWidthCm	PetalLengthCm	PetalWidthCm	Species
0	1	5.1	3.5	1.4	0.2	Iris-setosa
1	2	4.9	3.0	1.4	0.2	Iris-setosa
2	3	4.7	3.2	1.3	0.2	Iris-setosa
3	4	4.6	3.1	1.5	0.2	Iris-setosa
4	5	5.0	3.6	1.4	0.2	Iris-setosa

图 6.1　iris.csv 文件中的部分数据集

要求以鸢尾花数据集为分析对象，根据已知的花萼长度、花萼宽度、花瓣长度和花瓣宽度，使用 K 近邻来预测对应的鸢尾花品种。下面按照数据读取、数据预处理及数据可视化的步骤来说明 sklearn 包中 K 近邻的使用过程。

- 步骤一：数据读取，代码如下。

```
#coding:utf-8
import pandas as pd
```

```
df= pd.read_csv('iris.csv', delimiter=',')
df.head()
```

- 步骤二：数据预处理，代码如下。

```
from sklearn import preprocessing
# 对类别进行数值化处理
le = preprocessing.LabelEncoder()
df['Cluster'] = le.fit_transform(df['Species'])

df.head()
```

鸢尾花数据预处理结果如图 6.2 所示。

	Id	SepalLengthCm	SepalWidthCm	PetalLengthCm	PetalWidthCm	Species	Cluster
0	1	5.1	3.5	1.4	0.2	Iris-setosa	0
1	2	4.9	3.0	1.4	0.2	Iris-setosa	0
2	3	4.7	3.2	1.3	0.2	Iris-setosa	0
3	4	4.6	3.1	1.5	0.2	Iris-setosa	0
4	5	5.0	3.6	1.4	0.2	Iris-setosa	0

图 6.2　鸢尾花数据预处理结果

- 步骤三：数据可视化，代码如下。

```
import numpy as np
import matplotlib.pyplot as plt
plt.rcParams['font.sans-serif'] = ['SimHei']
plt.rcParams['axes.unicode_minus'] = False

X = df[['SepalLengthCm','SepalWidthCm','PetalLengthCm','PetalWidthCm']]
Y = df[['Cluster','Species']]

# 可视化
grr=pd.plotting.scatter_matrix(X,c=np.squeeze(Y[['Cluster']]),figsize=(8,8),marker=
"o",hist_kwds={'bins':20},s=60,alpha=.8,cmap=plt.cm.Paired)
plt.show()
```

可视化结果如图 6.3 所示。

- 步骤四：数据集切分，代码如下。

```
from sklearn.model_selection import train_test_split

x_train, x_test,y_train, y_test=train_test_split(X,Y)
```

- 步骤五：使用 K 近邻建立模型并进行训练，代码如下。

```
from sklearn.neighbors import KNeighborsClassifier
# K 近邻分类预测
knn = KNeighborsClassifier(n_neighbors=5)
knn.fit(x_train,np.squeeze(y_train[['Cluster']]))
y_pred=knn.predict(x_test)
```

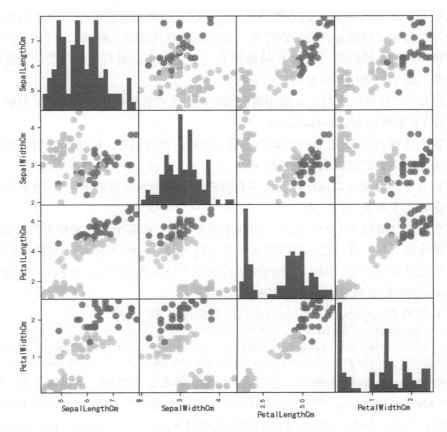

图 6.3　可视化结果

- 步骤六：对模型进行评估，代码如下。

```
y_pred=knn.predict(x_test)
```

```
# 模型评估结果
print("预测精确率:{:.2f}".format(knn.score(x_test,y_test[['Cluster']])))
print(pd.crosstab(y_test['Cluster'], y_pred, rownames=['Actual Values'], colnames=['Prediction']))
```

上述代码中对模型进行了简单评估，其预测精确率为 0.97，具体显示结果如图 6.4 所示。

预测精确率:0.97			
Prediction	0	1	2
Actual Values			
0	15	0	0
1	0	11	1
2	0	0	11

图 6.4　K 近邻模型的评估结果

 学一学

必须知道的知识点。

1）K 近邻的基本原理

K 近邻的基本原理：给定测试实例，基于某种距离度量找出训练集中与其最相似的 K 个实例点，然后基于这 K 个最相似的实例点来进行预测。距离度量、K 值及分类决策规则是 K 近邻的 3 个基本要素。根据选择的距离度量（如曼哈顿距离或欧氏距离），可计算测试实例与训练集中的每个实例点的距离，根据 K 值选择 K 个最近邻点，最后根据分类决策规则将测试实例进行分类。通常，在使用时要注意以下几点。

（1）K 近邻的特征空间一般是 n 维实数向量空间。使用的距离是欧氏距离，但也可以使用其他距离，如 Lp 距离或 Minkowski 距离。

（2）K 值的选择会对 K 近邻的结果产生重大影响。在应用中，K 值一般取一个比较小的数值，通常采用交叉验证法来选取最优的 K 值。

（3）K 近邻中的分类决策规则往往是多数表决，即由输入实例的 K 个邻近的训练实例中的多数类决定输入实例的类。

K 近邻在进行分类时主要的不足在于当样本不平衡时，如某个分类的样本数量很多，而其他分类样本数量较少时，有可能出现当输入一个新样本时，该样本的 K 个邻居中数量多的样本占多数，从而导致误分类。因此，该方法比较适用于分类类别的数量比较均衡的情况。

2）sklearn 包中的 KNeighborsClassifier()

sklearn 包中的 KNeighborsClassifier()分类器的参数如下。

```
class sklearn.neighbors.KNeighborsClassifier(
            n_neighbors=5, weights='uniform', algorithm='auto', leaf_size=30,
            p=2, metric='minkowski', metric_params=None, n_jobs=None, **kwargs)
```

其中，参数 n_neighbors 为整型，表示邻居数量。参数 p 为整型，是可选参数，默认值为 2，用于设置 Minkowski metric（闵可夫斯基空间）的超参数。当 p = 1 时，相当于算法使用的是曼哈顿距离；当 p = 2 时，相当于使用的是欧几里得距离，对于其他的 p 值，使用的是闵可夫斯基空间。参数 metric（矩阵）为字符串或标量，默认值为 minkowski，表示树的距离矩阵，如果和 p=2 一起使用相当于使用标准欧几里得矩阵。参数 n_jobs 为整型，是可选参数，默认值为 1，用于指定搜索邻居时可并行运行的任务数量。如果 n_job 的值为-1，则将任务数量设置为 CPU 核的数量。

6.3 使用随机森林对鸢尾花进行分类

传统的机器学习分类方法有很多，比如决策树、支持向量机等。这些方法都是单个分类器，有性能提升瓶颈及过拟合问题，因此，集成多个分类器来提高预测性能的方法应运而生，这就是集成学习。

集成学习是指将多个模型进行组合来解决单一的预测问题。它的原理是生成多个分类器模型，各自独立地学习并做出预测。最后将这些预测结合起来得到预测结果，因此和单个分类器的结果相比，结果一样或更好。

Bagging（并行）和 Boosting（串行）是两种常见的集成学习方法，这两者的区别在于集成的方式是并行还是串行。随机森林是并行集成方法中最具有代表性的一个方法。

一般而言，决策树的建树最常见的是自下而上的方式。一个给定的数据集被分裂特征分成左和右两个子集，然后通过一个评价标准来选择使平均不确定性降到最低的分裂方式，将数据集相应地划分为两个子节点，并通过使该节点成为两个新创建的子节点的父节点来建树。整个建树过程是递归迭代进行的,直到达到停止条件为止。例如,达到最大树深度或最小叶尺寸。

随机森林是基于决策树的一种集成学习方法。决策树是广泛应用的一种树形分类器,在树的每个节点通过选择最优的分裂特征不停地进行分类,直到达到建树的停止条件为止,比如叶节点中的数据都是同一个类别的。当输入待分类样本时,决策树确定一条由根节点到叶节点的唯一路径,该路径上叶节点的类别就是待分类样本的所属类别。决策树是一种简单且快速的非参数分类方法,在一般情况下,它有很高的精确率,然而当数据复杂时,决策树会有性能提升的瓶颈。随机森林是 2001 年由加利福尼亚大学的 LeoBreiman 提出的一种机器学习方法,他将并行集成学习理论与随机子空间方法相结合。随机森林是以决策树为基本分类器的一个集成学习模型,它包含多个由并行集成学习技术训练得到的决策树,当输入待分类的样本时,最终的分类结果由单棵决策树的输出结果投票决定。随机森林解决了决策树性能瓶颈的问题,对噪声和异常值有较好的容忍性,对高维数据分类问题具有良好的可扩展性和并行性。此外,随机森林是由数据驱动的一种非参数分类方法,只需对给定样本的学习训练分类规则,并不需要先验知识。

随机森林的用例之一是特征选择。在尝试多棵决策树变种的过程中,一个额外的作用就是它可以检测每棵决策树中哪个变量最适合用于分类或哪个变量最不适合用于分类。

随机森林很善于分类。它可以用于为多个可能目标类别做预测,也可以用于校正输出概率。需要注意的一件事情是过拟合。随机森林容易产生过拟合,特别是在数据集相对较小的时候。当模型对于测试集做出"太好"的预测时就应该产生怀疑了。产生过拟合的一个原因是在模型中只使用相关特征,然而只使用相关特征并不总是事先准备好的,使用特征选择(就像前面提到的)可以使其更简单。

随机森林也可以用于回归。因此,在 scikit-learn 中,随机森林既有应用于分类的随机森林分类(RandomForestClassifier),又有用于回归的随机森林回归(RandomForestRegressor)。

动一动

下面以鸢尾花分类为例,说明 RandomForestClassifier 的使用。

随机森林对应的部分代码如下。

```python
from sklearn.ensemble import RandomForestClassifier

# 随机森林分类预测
clf = RandomForestClassifier(n_jobs=3)
clf.fit(x_train, y_train[['Cluster']] .values.ravel())
y_pred=clf.predict(x_test)

print("预测精确率:{:.2f}".format(clf.score(x_test,y_test[['Cluster']])))
print(pd.crosstab(y_test['Cluster'], y_pred, rownames=['Actual Values'], colnames=
['Prediction']))
```

模型评估结果如图 6.5 所示,预测精确率为 0.95。

```
预测精确率:0.95
Prediction       0   1  2
Actual Values
0                13   0  0
1                 0  15  0
2                 0   2  8
```

图 6.5　随机森林模型的评估结果

📖 **学一学**

必须知道的知识点。

1）什么是随机森林

集成学习的思想是为了解决单个模型或某一组参数的模型所固有的缺陷，而整合更多的模型，取长补短，避免局限性。Bagging 方法是其中主要的集成学习方法之一，它将所有的训练数据放进一个黑色的袋子中，黑色意味着我们看不到里面的数据的详细情况，只知道里面有训练的数据。然后从这个袋子中随机抽取一部分数据用于训练一个基准估计量（Base Estimator）。抽到的数据用完之后我们有两种选择，放回或不放回。或者说是一种自助抽样集成，将训练集分成 m 个新的训练集，然后在每个新训练集上构建一个模型，各自不相干，最后预测时我们将这个 m 个模型的结果进行整合，得到最终结果。

随机森林就是集成学习思想下的产物，其实质是将 Bagging 方法与决策树相结合，将决策树作为基准估计量，然后采用 Bagging 技术训练一大堆小决策树，最后将这些小决策树组合起来，就得到了一片森林（随机森林），用来预测最终结果。随机森林的"随机"主要体现在两个方面：一是每棵树的训练集是随机抽样产生的，该随机抽样是有放回的抽样；二是训练样本的特征是随机选取的。

随机森林主要应用于回归和分类场景中，且侧重于分类。研究表明，对于大部分的数据而言，组合分类器的分类效果比较好，能处理高维特征，不容易产生过拟合。特别是对于大量数据而言，模型训练速度比较快。在决定类别时，它可以评估变量的重要性。另外，它对数据集的适应能力较强，既能处理离散型数据，也能处理连续型数据，数据集无须规范化。但是随机森林对少量数据集和低维数据集的分类不一定可以得到很好的效果；相对来说，它的计算速度比单个的决策树慢。当需要推断超出范围的独立变量或非独立变量时，随机森林并不适用。

2）sklearn 包中的 RandomForestClassifier()

上述说明有助于我们理解 sklearn 包中 RandomForestClassifier()的参数的含义。该分类器的参数如下。

```
class sklearn.ensemble.RandomForestClassifier
    (n_estimators='warn', criterion='gini', max_depth=None, min_samples_split=2,
    min_samples_leaf=1, min_weight_fraction_leaf=0.0, max_features='auto',
    max_leaf_nodes=None, min_impurity_decrease=0.0, min_impurity_split=None,
    bootstrap=True, oob_score=False, n_jobs=None, random_state=None, verbose=0,
    warm_start=False, class_weight=None)
```

其中，最主要的两个参数是 n_estimators 和 max_features。

参数 n_estimators 表示森林中树的数量，理论上是越多越好，但是计算时间也会相应增长。然而并不是数量越多，结果就会越好。想要达到好的预测效果，需要选择合理的数量。如果机器性能够好，则可以选择尽可能多的数量，使预测更好、更稳定。

参数 max_features 表示随机森林允许单棵决策树使用特征的最大数量，用来分割节点。数量越少，方差减少得越快，但同时偏差就会增加得越快。Python 为最大特征数提供了多个可选项，其中，"Auto/None"选项表示简单地选取所有特征，对每棵树都没有任何的限制。"sqrt"选项表示允许每棵子树利用总特征数的平方根。例如，如果变量（特征）的总数是 100，则每棵子树只能取其中的 10 个。"0.2"选项表示允许每棵随机森林的子树利用变量（特征）数的20%。

6.4　使用神经网络对鸢尾花进行分类

人工神经网络（Artificial Neural Network，ANN），是 20 世纪 80 年代以来人工智能（Artificial Intelligence，AI）领域兴起的研究热点。它从信息处理角度对人脑神经元网络进行抽象，建立某种简单模型，按不同的连接方式组成不同的网络。在工程与学术界简称为神经网络或类神经网络。如图 6.6 所示，一个神经元通常具有多条树突，主要用来接收传入的信息；而轴突只有一条，轴突尾端有许多轴突末梢可以给其他多个神经元传递信息。轴突末梢与其他神经元的树突产生连接，从而传递信号。这个连接的位置在生物学上叫作"突触"

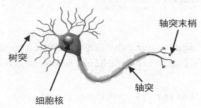

图 6.6　人脑神经元网络

人工神经网络中的神经元（节点）是一个包含输入、输出与计算功能的模型，如图 6.7 所示。输入可以类比为神经元的树突，而输出可以类比为神经元的轴突，计算则可以类比为细胞核。每个节点代表一种特定的输出函数，称为激励函数（Excitation Function）。每两个节点间的连接都代表一个通过该连接信号的加权值，称为权重，这相当于人工神经网络的记忆。网络的输出则依网络的连接方式、权重和激励函数的不同而不同。而网络自身通常是对自然界某种算法或函数的逼近，也可能是对一种逻辑策略的表达。

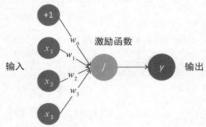

图 6.7　人工神经网络中的神经元模型

实质上，神经网络是一种运算模型，是由大量的节点（或称神经元）相互连接构成的，三层神经网络如图 6.8 所示。一个神经网络的训练算法就是让权重调整到最佳，以使得整个网络的预测效果最好。

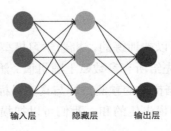

图 6.8　三层神经网络

最近十年来，人工神经网络的研究工作不断深入，已经取得了很大的进展，其在模式识别、智能机器人、自动控制、预测估计、生物、医学、经济等领域已成功地解决了许多现代计算机难以解决的实际问题，表现出良好的智能特性。同时，它也是目前最为火热的研究方向（即深度学习）的基础。

📝 **动一动**

使用 sklearn 包中的 MLPClassifier 类对鸢尾花进行分类。

sklearn 包中的 MLPClassifier 类实现了通过反向传播（Backpropagation）进行训练的多层感知器（Multi-Layer Perceptron，MLP）。使用的参考代码如下。

```python
from sklearn.neural_network import MLPClassifier

# 神经网络分类预测
mlp = MLPClassifier(solver='sgd', activation='relu',alpha=1e-4,hidden_layer_
sizes=(10,10), random_state=1,max_iter=500,verbose=10,learning_rate_init=.005)
# 训练模型
mlp.fit(x_train, y_train[['Cluster']] .values.ravel())
# 评估模型
y_pred = mlp.predict(x_test)
print("预测精确率:{:.2f}".format(mlp.score(x_test,y_test[['Cluster']])))
print(pd.crosstab(y_test['Cluster'], y_pred, rownames=['Actual Values'], colnames=
['Prediction']))
```

使用神经网络对模型进行训练的运行过程及模型评估结果如图 6.9 所示，其预测精确率为 0.97。

```
Iteration 1, loss = 2.02941312
Iteration 2, loss = 1.70347121
...
Iteration 437, loss = 0.05970391
Training loss did not improve more than tol=0.000100 for two consecutive
epochs. Stopping.
预测精确率:0.97
Prediction      0   1   2
Actual Values
0              13   0   0
1               0  13   1
2               0   0  11
```

图 6.9　使用神经网络对模型进行训练的运行过程及模型评估结果

📖 **学一学**

必须知道的知识点。

1）人工神经网络的原理

神经网络模型中的参数是可以被训练的。机器学习模型训练的目的是使得参数尽可能地与真实的模型逼近。具体地，首先给所有参数赋上随机值。然后使用这些随机生成的参数值来预测训练数据中的样本。最后依据样本的预测目标与真实目标的差距，定义一个损失值（Loss）。目标就是最小化所有训练数据的损失值的和。我们可以把损失写为关于参数（Parameter）的函数，这个函数称为损失函数。

下面要解决的问题就是：如何优化参数，能够让损失函数的值最小。

此时这个问题就转化为一个优化问题。一般来说，解决这个优化问题使用的是梯度下降算法，比如牛顿梯度下降算法、随机梯度下降算法、优化的随机梯度下降算法等。在神经网络模型中，当结构复杂且每次计算梯度的代价很大时，可以使用反向传播算法。

优化问题是训练中的一个重要部分。但机器学习问题之所以称为学习问题，而不是优化问题，更是因为它不仅要求数据在训练集上求得一个较小的误差，而且在测试集上也要表现得好。因为模型最终要部署到没有见过训练数据的真实场景中。提升模型在测试集上的预测效果的主题叫作泛化（Generalization），相关方法被称作正则化（Regularization）。神经网络中常用的泛化技术有权重衰减等。

神经网络可以解决许多问题，已经应用在语音识别、图像识别、自动驾驶等多个领域。但是神经网络仍然存在一些问题，尽管使用了反向传播等各种优化算法，但是一次神经网络的训练仍然耗时太久，而且困扰训练优化的一个问题就是局部最优解问题，这使得神经网络的优化较为困难；同时，隐藏层的节点数需要调参，这使得使用过程不太方便，参数的取值也难以解释。

2）sklearn 包中的 MLPClassifier()

MLPClassifier()除输入层和输出层以外，它中间可以有多层隐藏层，如果没有隐藏层即可解决线性可划分的数据问题。最简单的 MLPClassifier 模型只包含一层隐藏层，即如图 6.8 所示的三层神经网络。MLPClassifier()的参数如下。

```
sklearn.neural_network.MLPClassifier(
        hidden_layer_sizes=(100,), activation='relu', solver='adam',
        alpha=0.0001, batch_size='auto', learning_rate='constant',
        learning_rate_init=0.001, power_t=0.5, max_iter=200, shuffle=True,
        random_state=None, tol=0.0001, verbose=False, warm_start=False,
        momentum=0.9, nesterovs_momentum=True, early_stopping=False,
        validation_fraction=0.1, beta_1=0.9, beta_2=0.999, epsilon=1e-08, n_iter_no_change=10
        )
```

MLPClassifier()的主要参数说明如表 6.1 所示。

表 6.1　MLPClassifier()的主要参数说明

序　号	参　数　名	类　型	默　认　值	作　用
1	hidden_layer_sizes	元组	(100,)	第 i 个元素表示第 i 层隐藏层中的神经元个数
2	activation	字符串	relu	指定隐藏层的激励函数，可使用的参数值包括 identity、logistic、tanh、relu。参数值 identity，表示 no-op 激励函数，解决线性瓶颈问题，函数返回 $f(x) = x$。参数值 logistic，表示 logistic sigmoid 函数，返回 $f(x) = 1 / (1 + \exp(-x))$。参数值 tanh，表示双曲 tan 函数，返回 $f(x) = \tanh(x)$。参数值 relu，表示修正的线性激励函数，返回 $f(x) = \max(0, x)$
3	solver	字符串	adam	权重优化的求解器，参数值包括 lbfgs、sgd、adam。lbfgs 是拟牛顿法的一种优化方法。sgd 代表随机梯度下降。adam 指的是由 Kingma、Diederik 和 Jimmy Ba 提出的基于随机梯度的优化器
4	alpha	浮点型	0.0001	L2 惩罚（正则化项）参数
5	batch_size	整型	auto	用于指定随机优化器的批处理大小
6	learning_rate	常数	constant	用于权重更新，参数值包括 constant、invscaling、adaptive

续表

序号	参数名	类型	默认值	作用
7	learning_rate_init	双精度浮点型	0.001	表示初始学习率，只有当 solver 为 sgd 或 adam 时才使用
8	power_t	双精度浮点型	0.5	指定反缩放学习率的指数，只有当 solver 为 sgd 时才使用
9	max_iter	整型	200	最大迭代次数

6.5 课堂实训：肥胖分析 2

【实训目的】

通过本次实训，要求学生熟练掌握常用的机器学习方法，特别是 K 近邻、随机森林和神经网络在分类中的应用。

【实训环境】

PyCharm、Python 3.7、Pandas、NumPy、Matplotlib、sklearn。

【实训内容】

在项目 5 中采集的身高、体重数据基础上增加数据列，已知数据详见 CSV 文件（hws31.csv），根据身高、体重和性别，判定一个人是否肥胖。相关数据分布如图 6.10 所示。我们可以选择使用 K 近邻、随机森林和神经网络对人员进行"是否肥胖"分类，选择不同的参数对模型进行训练，按 7∶3 比例分配训练集与测试集，要求精确率达到 0.85 以上，并评估不同方法的优劣。

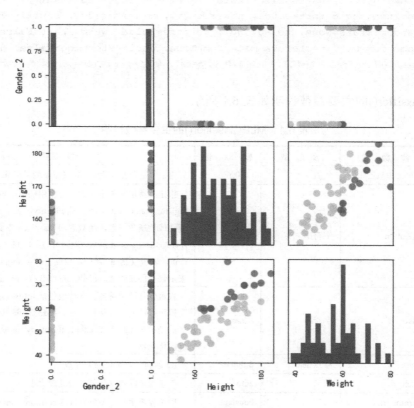

图 6.10　数据分布示意

参数设置注意如下几点。

（1）K 近邻中 n_neighbors 的设置。

（2）随机森林中决策树的数量的设置。

（3）神经网络中的学习率的设置。

并谈谈上述参数的影响。

6.6　练习题

1. 数据集（iris.csv）以鸢尾花的特征作为数据源，包含 150 个数据，根据鸢尾花 4 个不同的特征将数据集分为 3 个品种。下列选项中，（　　）不是这 3 种之一。

　　A．山鸢尾　　　　　　　　　　B．变色鸢尾

　　C．维尔罗卡鸢尾　　　　　　　D．维吉尼亚鸢尾

2. 随机森林是（　　）分类方法中最具代表性的一个。

　　A．串行　　　　　　　　　　　B．并联

　　C．串联　　　　　　　　　　　D．并行

3. 人工神经网络是 20 世纪 80 年代以来人工智能领域兴起的研究热点。它从信息处理角度对人脑神经元网络进行抽象，建立某种简单的模型，按（　　）连接方式组成（　　）网络。在工程与学术界简称为神经网络或类神经网络。

　　A．不同的　不同的　　　　　　B．不同的　相同的

　　C．相同的　不同的　　　　　　D．相同的　相同的

4. 关于随机森林描述不正确的是（　　）。

　　A．随机森林是一种集成学习方法

　　B．随机森林的随机性主要体现在，当训练单棵决策树时，对样本和特征同时进行采样

　　C．随机森林可以高度并行化

　　D．随机森林在预测时，根据单棵决策树分类误差进行加权投票

5. 目前，神经网络按照网络的结构可分为_____和_____，按照学习方式可分为_____和_____学习。

6. 了解机器学习中常用的分类方法，并比较各个方法的应用场景。

7. 在项目 6 使用的方法中，哪些可以用来进行回归分析？

8. 阅读神经网络的相关资料，了解什么是损失函数和优化目标函数，并对 6.4 节中的参数进行调整，查看训练效果。

【参考答案】

1. C。

2. D。

3. A。

4. D。

5. 目前，神经网络按照网络的结构可分为前馈式和反馈式，按照学习方式可分为监督学习和无监督学习。

6. 略。

7. 略。

8. 略。

电影评分数据分析（聚类）

7.1 背景知识

7.1.1 无监督学习

在现实生活中常常会有这样的问题：由于在分类过程中人类缺乏足够的先验知识，因此使用人工来标注类别变得困难，或者使用人工标注类别的成本太高。很自然地，我们会希望计算机能替代人工完成这些工作，或至少提供一些帮助。根据类别未知（没有被标记）的训练样本解决模式识别中的各种问题，称为无监督学习，如图 7.1 所示。它是一种对不含标记的数据建立模型的机器学习范式。

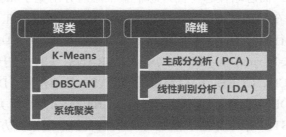

图 7.1　无监督学习

到目前为止，项目中处理过的分类数据都带有某种形式的标记，也就是说，学习算法可以根据标记好的标签对数据进行分类。但是，在无监督学习的世界中，没有这样的条件。当我们需要用一些相似性指标对数据集进行分组时，就会用到无监督学习的方法了。

无监督学习主要包括聚类和降维。如果给定一组样本特征，没有对应的属性值，而是想发掘这组样本在空间的分布特征，比如分析哪些样本之间靠得更近，哪些样本之间离得很远，那么这就属于聚类问题。聚类就是将观察值聚成一个一个的组，每一个组都含有一个或几个特征。比如一些推荐系统中需要确定用户类型，但定义用户类型可能不太容易，此时往往可先对原有的用户数据进行聚类，根据聚类结果将每个簇定义为一个类，然后基于这些类训练分类模型，用于判别新用户的类型。而降维是缓解维数灾难的一种重要方法，就是通过某种数学变换将原始高维属性空间转变成一个低维子空间。聚类与降维如图 7.2 所示。

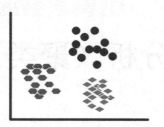 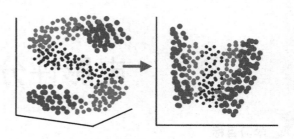

（a）聚类（用形状、颜色区分类别） （b）降维（用颜色、大小区分类别 ）

图 7.2 聚类与降维

无监督学习广泛应用于各种领域，如数据挖掘、医学影像分析、股票市场分析、计算机视觉分析（Computer Vision，CV）、市场细分等，用于在大量无标签数据中发现它们之间的区别。它的训练数据是无标签的，训练目标是能对观察值进行分类或区分等。

7.1.2 聚类

聚类就是将物理或抽象对象的集合分成由相似的对象组成的多个类的过程。聚类的目的在于把相似的对象聚为一类，而我们并不关心这一类具体是什么。可以想象，恰当地提取特征是无监督学习最为关键的环节。比如，在猫的聚类过程中提取猫的特征：皮毛、四肢、耳朵、眼睛、胡须、牙齿、舌头等。通过对特征相同的动物的聚类，可以将猫或猫科动物聚成一类。但是此时，我们并不知道这些毛茸茸的东西是什么，我们只知道，这些东西属于一类，兔子不在这个类（耳朵不符合），飞机也不在这个类（有翅膀）。特征有效性直接决定了方法的有效性。如果我们拿体重来聚类，而忽略体态特征，恐怕就很难区分出兔子和猫了。

一个聚类方法通常在知道如何计算特征的相似度后就可以开始工作了。这些集群通常是根据某种相似度指标进行划分的，如欧氏距离。聚类一般有 5 种：①基于划分（Partitioning）的聚类方法，主要有 K-Means、K-MEDOIDS、CLARANS；（2）基于层次（Hierarchical）的聚类方法，主要有 BIRCH、CURE、CHAMELEON；（3）基于密度（Density-based）的聚类方法，主要有 OPTICS、DENCLUE；（4）基于网格（Grid-based）的聚类方法，主要有 STING、CLIQUE、WAVE-CLUSTER；（5）基于模型（Model-based）的聚类方法。其中，最主要的是基于划分和基于层次的聚类方法两种。

在商务上，聚类能帮助市场分析人员从客户基本库中发现不同的客户群，并且用购买模式来刻画不同客户群的特征。传统的聚类方法已经比较成功地解决了低维数据的聚类问题。高维数据聚类分析在市场分析、信息安全、金融、娱乐等领域都有广泛的应用。聚类方法的优点在于，其对数据输入顺序不敏感。但是，该方法在数据分布稀疏时，分类不准确；当高维数据集中存在大量无关的属性时，使得在所有维中存在簇的可能性几乎为零；缺乏处理"噪声"数据的能力；有些方法还需要给出希望产生的簇的数目，比如，划分聚类方法通过优化评价函数，把数据集分割为 K 部分，它需要将 K 作为输入参数来完成聚类。典型的划分聚类方法有 K-Means。

层次聚类（Hierarchical Clustering）由不同层次的划分聚类组成，层次之间的划分具有嵌套的关系。它不需要输入参数，这是它优于划分聚类方法的一个明显的优点，其缺点是终止条件必须由人工具体指定。典型的层次聚类方法有 BIRCH、CURE。

7.1.3 K-Means

K-Means 是典型的聚类方法。其中，K 表示类别数，Means 表示均值。顾名思义，K-Means 是一种通过均值对数据点进行聚类的方法。K-Means 通过预先设定的 K 值及每个类别的初始质心对相似的数据点进行划分，并通过划分后的均值进行迭代优化获得最优的聚类结果，即让各组内的数据点与该组中心点的距离平方和最小化。

K 值是聚类结果中类别的数量，即我们希望将数据划分的类别数。K 值决定了初始质心的数量，K 值为几则表示有几个质心。如图 7.3 所示，其 K 值为 3，质心数即为 3。选择最优 K 值没有固定的公式或方法，需要人工来指定。一般，建议根据实际的业务需求，或通过层次聚类等方法获得数据的类别数量，将其作为选择 K 值的参考。需要注意的是，选择较大的 K 值会减少误差，但同时会增加过拟合的风险。

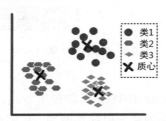

图 7.3 K-Means 聚类示意

在实现时，先随机选取 K 个对象作为初始的聚类中心，然后计算每个对象与各个种子聚类中心之间的距离，最后把每个对象分配给距离它最近的聚类中心。聚类中心以及分配给它们的对象就代表一个聚类。一旦全部对象都被分配了，则每个聚类的聚类中心会根据聚类中现有的对象被重新计算，这个过程将不断重复直到满足某个终止条件为止。终止条件可以是①没有（或者小于某个数值的）对象被重新分配给不同的聚类；②没有（或者小于某个数值的）聚类中心再发生变化；③误差平方和局部最小。

7.2 使用 DBSCAN 确定质心个数

在使用 K-Means 的时候，必须把类别数量 K 值作为输入参数。在现实中，很多时候我们事先并不知道这个具体值，此时，可以通过搜索类别数量的参数空间，根据轮廓系数得分找到最优的类别数量，但这是一个非常耗时的过程。所以 DBSCAN（Density-Based Spatial Clustering of Applications with Noise，带噪声的基于密度的聚类方法）顺势而生。

DBSCAN 是一个比较有代表性的基于密度的聚类方法。它将数据点看作紧密集群的若干组。如果某个点属于一个集群，那么就应该有许多点也属于同一个集群。DBSCAN 需要先确定两个参数。

（1）epsilon：一个样本点周围邻近区域的半径，即扫描半径。

（2）minPts：邻近区域内至少包含样本点的个数，即最小包含点数。

DBSCAN 中的 epsilon 参数可以控制一个点到其他点的最大距离。如果两个点的距离超过了参数 epsilon 的值，那么它们就不可能在一个集群中。这种方法的主要优点是它可以处理异常点。如果有一些点位于数据稀疏区域，DBSCAN 就会把这些点作为异常点，而不会强制将它们放入一个集群中。对应地，样本点可以分为如下三种。

（1）核点（Core Point）：在半径 epsilon 内含有超过 minPts 数目的点，则为核点。

（2）边缘点（Border Point）：在半径 epsilon 内点的数目小于 minPts，但是落在核点的邻域内，可由一些核点获得（density-reachable 或 directly-reachable）。

（3）离群点（Outlier）：既不属于核点也不属于边缘点，则属于离群点。

DBSCAN 聚类示意如图 7.4 所示。

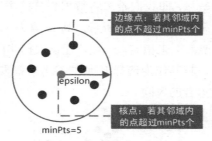

图 7.4　DBSCAN 聚类示意

📝 **动一动**

下面以电影评分数据为例，说明 DBSCAN 的使用方法。数据文件中存储了两列数据，分别表示用户对两部电影的评分。根据评分值的相似性，我们对观影用户进行分类，将其分成不同的用户群。使用 DBSCAN 确定具体分为几类。

- 步骤一：从评分数据文件（filmScore.csv）中读取原始数据，并进行可视化。

```python
#!/usr/bin/Python
# -*- coding: utf-8 -*-
# 导入包
import pandas as pd
# 读取数据并自动为其添加列索引
data = pd.read_csv('filmScore.csv')
data.head()
# 可视化原始数据
plt.scatter(data['filmname1'], data['filmname2'], c='black')
plt.show()
```

原始数据的可视化结果如图 7.5 所示。

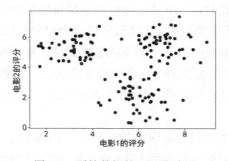

图 7.5　原始数据的可视化结果

- 步骤二：调用 DBSCAN 进行聚类分析，确定质心个数，参考代码如下。

```
# 引入机器学习相关的类
from sklearn.cluster import DBSCAN
# 调用 DBSCAN，确定质心个数
y_pred = DBSCAN().fit_predict(data)
```

- 步骤三：对聚类预测结果进行可视化，参考代码如下。

```
import matplotlib.pyplot as plt
from pylab import mpl
# 设置字体为SimHei，以显示中文
mpl.rcParams['font.sans-serif'] = ['SimHei']
mpl.rcParams['axes.unicode_minus'] = False
# 聚类结果的可视化
plt.scatter(d ata['filmname1'], data['filmname2'], c=y_pred)
plt.colorbar()
plt.title(u'聚类结果（DBSCAN）')
plt.show()
```

运行代码，结果如图 7.6（a）所示。为区分不同类别，图 7.6（b）中用形状区分的方式对分类结果进行了显示。

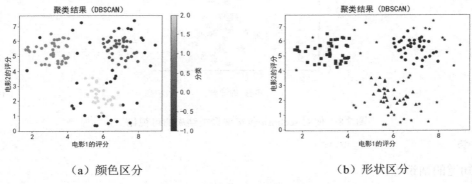

（a）颜色区分   （b）形状区分

图 7.6   DBSCAN 聚类结果（一）

- 步骤四：修改参数。方法对参数敏感，设置 eps=1.3，min_samples=20，代码如下。

```
# 调用 DBSCAN，确定质心个数
y_pred = DBSCAN(eps=1.3, min_samples=20).fit_predict(data)
```

运行代码，结果如图 7.7（a）所示。为区分不同类别，图 7.7（b）中用形状区分的方式对分类结果进行了显示。

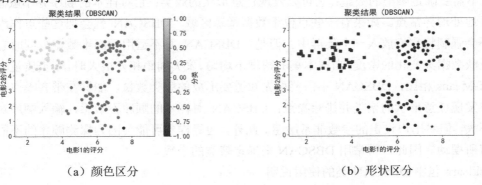

（a）颜色区分   （b）形状区分

图 7.7   DBSCAN 聚类结果（二）

- 步骤五：可视化进阶。seaborn 是一款非常方便的画图工具，安装 seaborn 包后，可编写代码实现可视化。

```
import seaborn as sb
# 调用 DBSCAN，确定质心个数
dbscan=DBSCAN()
dbscan.fit(data)
# 使用 seaborn 包实现聚类结果的可视化
data['dbscan_label']=dbscan.labels_
g=sb.FacetGrid(data,hue='dbscan_label')
g.map(plt.scatter, 'filmname1','filmname2').add_legend()
plt.show()
```

运行代码，结果如图 7.8 所示，其中，"-1"表示异常类。

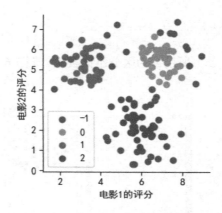

图 7.8　使用 seaborn 包实现聚类结果的可视化

📖 学一学

必须知道的知识点。

1）DBSCAN 的特点

与划分和层次聚类方法不同，DBSCAN 将簇定义为密度相连的点的最大集合，它能够把具有足够高密度的区域划分为簇，并可在噪声的空间数据库中发现任意形状的聚类。

DBSCAN 的思维是如果某个点属于一个集群，那么就应该有许多点也属于同一个集群。如果两个点的距离超过了参数 epsilon 的值，那么它们就不可能在一个集群中。该方法的优点在于，它不需要确定聚类的数量；它可以发现任意形状的簇类；它对样本的顺序并不敏感；它可以很好地处理异常点。如果有一些点位于数据稀疏区域，DBSCAN 就会把这些点作为异常点，而不会强制将它们放入一个集群中。但是，DBSCAN 并不适用于高维数据，同时它不能很好地反映数据集变化的密度，当样本集的密度不均匀、聚类间距相差很大时，聚类质量较差。

与 K-Means 相比，DBSCAN 不需要事先知道要形成的簇类数量，能够在带有噪声点的样本空间中发现任意形状的聚类并排除噪点；DBSCAN 对样本的顺序不敏感，输入顺序对结果的影响不大，但对用户设定的参数非常敏感。此外，边界样本可能会因为探测顺序的不同而使其归属有所摆动。因此，常常用 DBSCAN 来确定聚类的个数。

2）sklearn 包中 DBSCAN 类的使用说明

sklearn 包中 DBSCAN 类的初始化函数如下。

```
class sklearn.cluster.DBSCAN(
        eps=0.5, min_samples=5, metric='euclidean', algorithm='auto',
        leaf_size=30, p=None, n_jobs=1
        )
```

DBSCAN 类的初始化函数的主要参数说明如表 7.1 所示。

表 7.1　DBSCAN 类的初始化函数的主要参数说明

序　号	名　　称	类　型	默 认 值	作　　用
1	eps	浮点型	0.5	两个样本被判定为在同一个类别中的最大距离，即扫描半径
2	min_samples	整型	5	半径中需要含有的最小样本数
3	metric	字符串	euclidean	指定采用何种距离计算方式，比如可使用曼哈顿距离、切比雪夫距离等计算特征向量之间的距离
4	algorithm	字符串	auto	指定找近邻样本的算法，参数值包括 auto、ball_tree、kd_tree、brute。auto 表示自动挑一个最适用的，如果是稀疏数据的话，则将参数值设为 brute
5	leaf_size	整型	30	传递给树的参数，参数值的大小会影响速度、内存，可根据情况进行选择
6	p	整型	None	指定明氏距离的幂次，用于计算距离
7	n_jobs	整型	1	CPU 并行数

3）DBSCAN 类的主要方法及属性

DBSCAN 类的主要方法及其说明如表 7.2 所示。

表 7.2　DBSCAN 类的主要方法及其说明

序　号	方　法	说　　明
1	fit(X[, y, sample_weight])	从特征矩阵进行聚类
2	fit_predict(X[, y, sample_weight])	进行聚类并返回标签(n_samples, n_features)
3	get_params([deep])	获得参数
4	set_params(**params)	设置参数

DBSCAN 类的主要属性及其说明如表 7.3 所示。

表 7.3　DBSCAN 类的主要属性及其说明

序　号	属　性	类　型	大　小	说　　明
1	core_sample_indices_	array	[n_core_samples]	核样本的目录
2	components_	array	[n_core_samples, n_features]	训练样本的核样本
3	labels_	array	[n_samples]	聚类标签，其中噪声样本的标签为-1

7.3　使用 K-Means 对观影用户进行聚类

在 sklearn 包中，包括两个 K-Means：一个是传统的 K-Means，对应的类是 KMeans；另一个是基于采样的 Mini Batch K-Means，对应的类是 MiniBatchKMeans。使用 K-Means 调参相对简单，一般要特别注意的是 K 值的选择，即参数 n_clusters。

动一动

在以上 DBSCAN 聚类结果的基础上，使用 K-Means 对相似数据进行聚类，并将相应的 K 值（质心个数）设置为 4。

- 步骤一：读取数据，参考代码如下。

```python
#!/usr/bin/Python
# -*- coding: utf-8 -*-
import numpy as np
import pandas as pd
# 加载数据
data = pd.read_csv('filmScore.csv',header=None)
data.head()
X = data[['filmname1','filmname2']]
```

读取的部分原始数据如图 7.9 所示。

	filmname1	filmname2
0	4.74	1.84
1	6.36	4.89
2	4.29	6.74
3	5.78	0.95
4	8.36	5.20

图 7.9　部分原始数据

- 步骤二：展现并观察、分析原始数据的分布特征。

```python
import matplotlib.pyplot as plt
from pylab import mpl
mpl.rcParams['font.sans-serif'] = ['SimHei']
mpl.rcParams['axes.unicode_minus'] = False
plt.figure()
plt.scatter(data['filmname1'], data['filmname2'], marker='o',
            facecolors='yellow', edgecolors='red', s=30, alpha=0.5)
x_min, x_max = min(data['filmname1'])- 1, max(data['filmname1'])+ 1
y_min, y_max = min(data['filmname2'])- 1, max(data['filmname2'])+ 1
plt.title('输入数据（二维）')
plt.xlim(x_min, x_max)
plt.ylim(y_min, y_max)
plt.xticks(())
plt.yticks(())
plt.show()
```

原始数据的分布特征如图 7.10 所示。

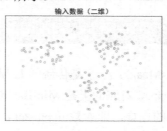

图 7.10　原始数据的分布特征

● 步骤三：确定 K-Means 的质心个数，并进行模型训练，代码如下。

```
from sklearn import metrics
from sklearn.cluster import KMeans
# 训练
num_clusters = 3
kmeans = KMeans(init='k-means++', n_clusters=num_clusters, n_init=10)
kmeans.fit(X)
# 分类结果
step_size = 0.01
x_values, y_values = np.meshgrid(np.arange(x_min, x_max, step_size), np.arange(y_min,
y_max, step_size))
predicted_labels = kmeans.predict(np.c_[x_values.ravel(), y_values.ravel()])
predicted_labels = predicted_labels.reshape(x_values.shape)
```

● 步骤四：可视化分类结果，代码如下。

```
# 可视化
plt.figure()
plt.clf()
plt.imshow(predicted_labels, interpolation='nearest',
        extent=(x_values.min(), x_values.max(), y_values.min(), y_values.max()),
        cmap=plt.cm.Spectral,
        aspect='auto', origin='lower')
# 原始数据
plt.scatter(X['filmname1'], X['filmname2'], marker='o',
        facecolors='yellow', edgecolors='red', s=30, alpha=0.5)
# 显示质心个数
centroids = kmeans.cluster_centers_
plt.scatter(centroids[:,0], centroids[:,1], marker='o', s=200, linewidths=3,
        color='k', zorder=10, facecolors='black',edgecolors='white',alpha=0.9)
plt.title(u'聚类结果（K-Means）')
plt.xlim(x_min, x_max)
plt.ylim(y_min, y_max)
plt.xticks(())
plt.yticks(())
plt.show()
```

聚类结果的可视化如图 7.11 所示。

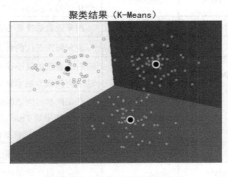

图 7.11　聚类结果的可视化

 学一学

必须知道的知识点。

1）K-Means

K-Means 的优点在于简单、快速。特别是在处理大数据集时，K-Means 可伸缩性高，并且相对高效。如图 7.12 所示，当簇是密集的球状或团状，且簇与簇之间区别明显时，聚类效果较好。但 K-Means 只有在簇的平均值被定义的情况下才能使用，且对有些分类属性的数据并不适合；同时，它对初始值敏感，并要求用户必须事先给出要生成的簇的数目 K。此外，使用不同的初始值可能会形成不同的聚类结果，且并不适合于非凸面形状的簇类分析，或者大小差别很大的簇。K-Means 对于噪声和孤立点数据敏感，少量的该类数据可能会对平均值产生极大影响。

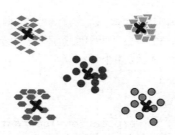

图 7.12　K-Means 聚类

目前，K-Means 被广泛应用于统计学、生物学、数据库技术和市场营销等领域。

2）sklearn 包中的 KMeans 类

KMeans 类的初始化函数如下。

```
class sklearn.cluster.KMeans(
        n_clusters=8, init='k-means++', n_init=10, max_iter=300, tol=0.0001,
        precompute_distances='auto', verbose=0, random_state=None,
        copy_x=True, n_jobs=1
        )
```

KMeans 类的初始化函数的主要参数说明如表 7.4 所示。

表 7.4　KMeans 类的初始化函数的主要参数说明

序号	名　称	类　型	默　认　值	作　用
1	n_clusters	整型（int）	8	表示要分成的簇的数量或要生成的质心个数，即 K 值
2	init	function 、array	k-means++	表示初始化质心个数。参数值可以为完全随机 random 或优化过的 k-means++等
3	n_init	整型（int）	10	用来设置选择质心种子的次数，返回质心最好的一次结果
4	max_iter	整型（int）	300	表示每次迭代的最大次数
5	tol	浮点型（float）	le-4（0.0001）	表示容忍的最小误差，当误差小于 tol 时就会退出迭代（算法中会依赖数据本身）
6	precompute_ distances		auto	在空间和时间之间做权衡，有三个选项：auto、True 和 False。如果是 True 则会把整个距离矩阵都放到内存中；如果是 auto 则表示根据样本数量来选择 True 或 False
7	verbose	整型（int）	0	表示是否输出详细信息
8	random_state	整型或 NumPy	None	表示随机生成器的种子

需要注意的是，参数 init 一般建议使用默认值。种子点的选取方法还有 kmedoids，它是由 PAM（Partitioning Around Medoids）聚类实现的，它能够解决 K-Means 对噪声敏感的问题。

KMeans 在寻找种子点的时候会计算该类中所有样本的平均值，如果该类中具有较为明显的离群点，则会造成种子点与期望值偏差过大。例如，A(1,1)、B(2,2)、C(3,3)、D(1000,1000)，显然 D 点会拉动种子点向其偏移。在下一轮迭代时，会将大量不该属于该类的样本点错误地划入该类。为了解决这个问题，kmedoids 方法采取新的种子点选取方式：①只从样本点中选取；②通过设定选取标准以提高聚类效果，或者自定义其他的代价函数。不足的是，kmedoids 方法提高了聚类的复杂度。

KMeans 类的主要属性及其说明如表 7.5 所示。

表 7.5　KMeans 类的主要属性及其说明

序号	属　　性	类型	大　　小	说　　明
1	cluster_centers_	array	[n_clusters, n_features]	表示聚类中心的坐标。如 r2 = pd.DataFrame(model.cluster_centers_)，用于找出聚类中心
2	inertia_	array	[n_samples]	float 类型，表示每个点到其簇的质心的距离之和
3	labels_	array	[n_samples]	表示每个样本对应的簇类别标签。如 r1 = pd.Series(model.labels_).value_counts()，用于统计各个类别的数目

KMeans 类的主要方法及其说明如表 7.6 所示。

表 7.6　KMeans 类的主要方法及其说明

序　　号	方　　法	说　　明
1	fit(X[,y])	用来训练 K-Means 聚类
2	fit_predictt(X[,y])	用来计算簇的质心并给每个样本预测类别
3	fit_transform(X[,y])	用于计算簇并转换 X 至簇的距离空间
4	get_params([deep])	用于取得估计器的参数
5	predict(X)	为每个样本估计最接近的簇
6	score(X[,y])	用于计算聚类误差
7	set_params(**params)	为指定估计器手动设定参数
8	transform(X[,y])	将 X 转换为集群距离空间，在新空间中，每个维度都是到集群中心的距离

3）K-Means 的性能分析

K-Means 的时间复杂度大约是 $O(nKt)$，其中 n 是所有的样本数量，K 是分类（簇）数量，t 是迭代次数。通常，当 $K \ll n$（K 远小于 n 时），方法局部收敛。K-Means 尝试找出使平方误差函数值最小的 K 个划分。

7.4　课堂实训：根据身高、体重和性别对用户进行分类

【实训目的】

通过本次实训，要求学生熟练掌握分类器中无监督学习的应用，特别是 K-Means 和 DBSCAN 的使用。

【实训环境】

PyCharm、Python 3.7、Pandas、NumPy、Matplotlib、sklearn。

【实训内容】

根据身高、体重、性别对用户进行分类，同时选择适当的形式对分类结果进行可视化。数据存储在 hws32.csv 文件中。

（1）使用 DBSCAN 确定质心个数。

参考代码如下。

```
#!/usr/bin/Python
# -*- coding: utf-8 -*-

import numpy as np
import Pandas as pd
import matplotlib.pyplot as plt
from mpl_toolkits.mplot3d import Axes3D
from sklearn.cluster import DBSCAN
from sklearn import metrics
from sklearn import preprocessing
from sklearn.preprocessing import MinMaxScaler
from pylab import mpl
mpl.rcParams['font.sans-serif'] = ['SimHei']
mpl.rcParams['axes.unicode_minus'] = False

# 加载数据
data = pd.read_csv('hws32.csv')
# 对性别进行数值化处理
le = preprocessing.LabelEncoder()
data['Gender'] = le.fit_transform(data['Gender'])
minMax = MinMaxScaler()
data['Weight2']=minMax.fit_transform(data[['Weight']])
data['Height2']=minMax.fit_transform(data[['Height']])
data['BMI']=minMax.fit_transform(data[['BMI']])
data.head()
dbscan=DBSCAN(eps=0.1,min_samples=5)
dbscan.fit(data[['Gender','Weight2','Height2']])
data['dbscan_label']=dbscan.labels_
fig = plt.figure()
ax = fig.gca(projection='3d')
ax.set_xlabel('Weight')
ax.set_ylabel('Gender')
ax.set_zlabel('Height')
ax.scatter(data['Weight'],data['Gender'],data['Height'], zdir='z', c=data['dbscan_label'])
ax.view_init(elev=20., azim=-35)
plt.title('聚类结果（DBSCAN）')
plt.show()
```

DBSCAN 聚类结果的可视化如图 7.12 所示。

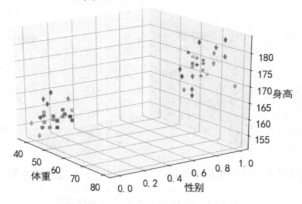

图 7.12　DBSCAN 聚类结果的可视化

（2）使用 K-Means 对 hws32.csv 文件中的数据进行分类。

参考代码如下。

```python
# 质心个数
num_clusters = 5
kmeans = KMeans(init='k-means++', n_clusters=num_clusters, n_init=10,max_iter = 300)
kmeans.fit(data[['Gender','Weight2','Height2']])

predicted_labels = kmeans.predict(data[['Gender','Weight2','Height2']])

# 聚类结果数据
fig = plt.figure()
ax = fig.gca(projection='3d')
ax.set_xlim(0, 1)
ax.set_ylim(0, 1)
ax.set_zlim(0, 1)
ax.set_xlabel('Weight')
ax.set_ylabel('Gender')
ax.set_zlabel('Height')
ax.scatter(data['Weight2'],data['Gender'],data['Height2'], zdir='z', c=predicted_ labels)
ax.view_init(elev=20., azim=-35)
# 质心设置
centroids = kmeans.cluster_centers_
plt.scatter(centroids[:,1], centroids[:,0],centroids[:,2], zdir='z', marker='*',
linewidths=10,
        color='red',zorder=5, facecolors='red',edgecolors='red')
plt.title(u'聚类结果（k-Means）')
plt.show()
```

K-Means 聚类结果的可视化如图 7.13 所示。

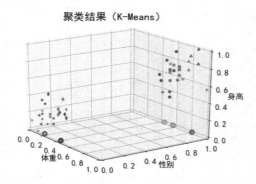
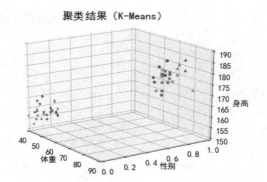

（a）数据按比例缩放后的聚类结果的可视化　　　（b）原始数据的聚类结果的可视化

图 7.13　K-Means 聚类结果的可视化

7.5　练习题

1．多选题：下列属于无监督学习的有（　　）。

   A．聚类　　　　　　　B．分类　　　　　　　C．回归　　　　　　　D．降维

2．聚类方法一般包括 5 种，分别是＿＿＿＿＿＿＿＿＿、＿＿＿＿＿＿＿＿＿＿＿＿、
＿＿＿＿＿＿＿＿＿＿＿＿、＿＿＿＿＿＿＿＿＿＿＿、＿＿＿＿＿＿＿＿＿＿。

3．判断题：K-Means 是最流行的聚类方法（　　）。

4．关于 K-Means，描述正确的是（　　）。

   A．能找到任意形状的聚类

   B．初始值不同，最终结果可能不同

   C．每次迭代的时间复杂度是 $O(n^2)$，其中 n 是样本数量

   D．不能使用核函数

5．下列选项中，（　　）不可以直接对文本进行分类。

   A．K-Means　　　　B．决策树　　　　　C．支持向量机　　　D．K 近邻

6．K-Means 的复杂度是多少？

7．K-Means 的缺点不包括（　　）。

   A．K 必须是事先给定的　　　　　　　B．需要选择初始聚类中心

   C．对于噪声和孤立点数据是敏感的　　D．可伸缩、高效

8．当不知道数据所带的标签时，可以使用（　　）技术促使带同类标签的数据与带其他标签的数据相分离。

   A．分类　　　　　　　B．聚类　　　　　　　C．关联分析　　　　　D．隐马尔可夫链

9．通过聚集多个分类器的预测来提高分类精确率的技术称为（　　）。

   A．组合（Composition）　　　　　　　B．聚集（Aggregation）

   C．合并（Combination）　　　　　　　D．投票（Voting）

10．简单地将数据对象集划分成不重叠的子集，使得每个数据对象恰好在一个子集中，这种聚类方法称作（　　）。

A．层次聚类 B．划分聚类 C．非互斥聚类 D．模糊聚类

11．在基本 K-Means 中，当计算邻近度的函数采用（ ）的时候，合适的质心是簇中各点的中位数。

A．曼哈顿距离 B．平方欧几里得距离

C．余弦距离 D．Bregman 散度

12．（ ）是一个观测值，它与其他观测值的差别很大，以至于我们怀疑它是由不同的机制产生的。

A．边缘点 B．质心 C．离群点 D．核点

13．BIRCH 是一种（ ）。

A．分类器 B．聚类方法 C．关联分析方法 D．特征选择方法

14．关于 K-Means 和 DBSCAN 的比较，以下说法不正确的是（ ）。

A．K-Means 丢弃被它识别为噪声的对象，而 DBSCAN 一般聚类所有对象

B．K-Means 使用簇的基于原型的概念，而 DBSCAN 使用基于密度的概念

C．K-Means 很难处理非球形的簇和不同大小的簇，而 DBSCAN 可以处理不同形状和不同大小的簇

D．K-Means 可以发现不是明显分离的簇，即使簇有重叠它也可以发现，但是 DBSCAN会合并有重叠的簇

15．DBSCAN 在最坏情况下的时间复杂度是（ ）。

A．$O(m)$ B．$O(m^2)$ C．$O(\log m)$ D．$O(m\log m)$

【参考答案】

1．AD。

2．聚类方法一般包括 5 种，分别是基于划分的聚类方法、基于层次的聚类方法、基于密度的聚类方法、基于网格的聚类方法、基于模型的聚类方法。

3．对。

4．B。

5．A。

6．时间复杂度：$O(tKmn)$，其中，t 为迭代次数，K 为簇的数目，m 为记录数，n 为维数。空间复杂度：$O((m+K)n)$，其中，K 为簇的数目，m 为记录数，n 为维数。

7．D。

8．B。

9．A。

10．B。

11．A。

12．C。

13．B。

14．A。

15．B。

人脸检测与人脸识别

8.1 背景知识

人脸检测（Face Detection）和人脸识别（Face Recognition）技术是计算机视觉领域中最热门的应用。2017 年，《麻省理工科技评论》发布全球十大突破性技术榜单，来自中国的刷脸支付技术位列其中。目前，人脸识别技术已经广泛应用于金融、司法、军队、边检、航天、电力、医疗等领域。

人脸检测就是在一张图像或一张序列图像（如视频）中判断是否有人脸，若有则返回人脸的大小、位置等信息。在这个过程中，系统的输入是一张可能含有人脸的图片，输出是人脸位置的矩形框。一般来说，人脸检测应该正确检测出图片中存在的所有人脸，完成的是寻找人脸的功能，不能漏检、错检。人脸识别则是假设在图像或者图像序列中有人脸的情况下，根据人脸的特征判断人的身份等信息，即确定检测到的人脸是谁。

在 Python 中，有很多可以用于人脸检测与人脸识别的第三方包，可以调用 dlib 包来进行人脸识别，调用预测器"shape_predictor_68_face_landmarks.dat"进行 68 点标定；也可以引入 Face Recognition 软件包来管理和识别人脸，该软件包使用 dlib 包中最先进的人脸识别深度学习方法，使得识别精确率在"Labled Faces in the world"测试基准下达到了 0.9938；也可以安装 OpenCV-Python，使用 OpenCV（Open Source Computer Vision Library）中已经训练好的模型来识别人脸。

8.1.1 人工智能

人工智能是人类设计并在计算机环境下实现的模拟或再现某些人类智能行为的技术，是研究使计算机来模拟人类的某些思维过程和智能行为（如学习、推理、思考、规划等）的学科，研究的一个主要目标是使机器能够胜任一些通常需要人类的智慧才能完成的复杂工作。在计算机领域内，人工智能得到了越来越广泛的重视。人工智能作为新一代信息技术领域的核心板块之一，已经在基础层、技术层和应用层等多方位领域中实现了应用，渗透到了我们生活中的方方面面。人工智能包括十分广泛的学科，它由不同的领域组成，如机器学习、计算机视觉等。

　　人工智能的发展与机器学习方法的不断进步（见图 8.1）有着密不可分的关系。1993 年之后，得益于机器学习方法的不断发展，人工智能迎来了飞速发展阶段。在这个阶段，人工智能多次击败人类，1997 年 5 月 11 日计算机深蓝以 3.5∶2.5 击败国际象棋世界冠军卡斯帕罗夫，成为首个在标准比赛时限内击败国际象棋世界冠军的计算机系统。2011 年，Watson 作为 IBM 公司开发的使用自然语言回答问题的人工智能程序参加美国智力问答节目，打败了两位人类冠军。同年，iPhone 4s 发布，其亮点在于搭载了支持语音识别并能通过语音进行人机互动的 Siri，而 Siri 也一直被认为应用了人工智能技术。2013 年，深度学习方法被广泛运用在产品开发中。例如，Facebook 成立人工智能实验室，探索深度学习领域，借此为 Facebook 用户提供更智能化的产品体验；Google 收购了语音和图像识别公司 DNNResearch，推广深度学习平台；百度创立了深度学习研究院等。2016 年，围棋人工智能程序 AlphaGo 以 4∶1 的成绩战胜围棋世界冠军李世石。2017 年，基于深度学习的 AlphaGo 化身 Master，再次出战，横扫棋坛，让人类见识到了人工智能的强大。

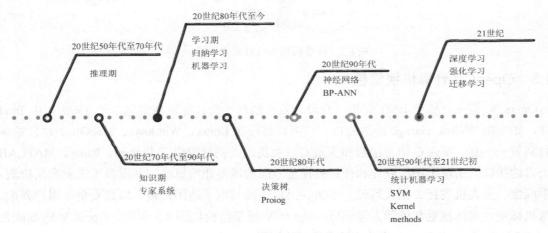

图 8.1　机器学习的发展历程

　　计算机程序主要包括输入、运算和输出，而研究人工智能的计算机程序，很多时候是在研究"聪明的算法"，能够适应各种各样的实际情况，让计算机程序通过运算，从输入的数据出发，正确而高效地得出应该输出的结果。机器学习是一种实现人工智能的方法，在人工智能的发展中，它发挥了重要的作用。机器学习的应用已遍及人工智能的各个分支，如专家系统、自动推理、自然语言理解、模式识别、计算机视觉、智能机器人等领域。机器学习最成功的应用领域便是计算机视觉。计算机视觉的应用在整个人工智能应用领域中占比达 34.9%，已成为各行业发展的重要支撑。相关数据显示，2018 年中国计算机视觉领域获得超过 230 亿元的投资，在中国人工智能领域的投资当中占比超过三分之一。

8.1.2　计算机视觉

　　计算机视觉是指用计算机来模拟人的视觉机理，获取处理信息的能力，然后用摄像机和计算机代替人眼对目标进行识别、跟踪和测量，并进一步做图形处理，用计算机将图形处理成更适合人眼观察或传送给仪器检测的图像。

　　计算机视觉是一门关于如何运用摄像机和计算机来获取我们所需的被拍摄对象的数据与

信息的学科，试图建立能够从图像或者多维数据中获取信息的人工智能系统，使计算机能像人类一样通过视觉观察和理解世界，并具有自主适应环境的能力。计算机视觉的挑战是要为计算机和机器人开发具有与人类水平相当的视觉能力。计算机视觉需要图像信号、纹理和颜色建模；几何处理和推理；物体建模等。一个有能力的视觉系统应该把所有这些处理都紧密地集成在一起。

随着深度学习的进步、计算机存储的扩大及可视化数据集的激增，计算机视觉技术得到了迅速发展。在目标跟踪、目标检测、目标识别等领域，计算机视觉都担当着重要角色，如图 8.2 所示。随着人工智能技术落地生花，计算机视觉将蓬勃发展，适应更多应用场景，帮助各行业创造更大的价值。

图 8.2 计算机视觉热点研究领域

8.1.3 OpenCV 计算机视觉包

OpenCV 是一个基于 BSD 许可（开源）发行的跨平台计算机视觉包，于 1999 年由 Intel 建立，如今由 Willow Garage 提供支持。它可以运行在 Linux、Windows、MacOS 上，轻量级而且高效——由一系列 C 语言函数和少量 C++类构成，同时提供了 Python、Ruby、MATLAB 等语言的接口，实现了图像处理和计算机视觉方面的很多通用算法。其覆盖了工业产品检测、医学成像、无人机飞行、无人驾驶、安防、卫星地图与电子地图拼接、信息安全、用户界面、摄像机标定、立体视觉和机器人等领域。OpenCV 框架结构如图 8.3 所示。OpenCV-Python 是 OpenCV 的 Python 版本，读者可以下载并安装使用。

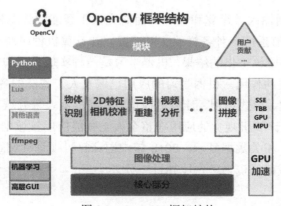

图 8.3 OpenCV 框架结构

在安装好的 OpenCV-Python 中，cv2/data 文件夹下保存了许多已经训练好的分类器，用来识别人脸、眼睛、微笑等，它以 XML 文件的形式存储，在 cv2/data 文件夹下可以看到如图 8.4 所示的默认分类器。

图 8.4　cv2/data 文件夹下已经训练好的默认分类器

在进行物体检测时，可选择使用 Harr 分类器，用户可以直接在网上搜索别人训练好的 XML 文件，以便更快捷地进行物体检测。在图 8.4 中，不同的 XML 文件就是已经训练好的分类器，用来识别不同的对象。OpenCV 中的部分分类器及其说明如表 8.1 所示。

表 8.1　OpenCV 中的部分分类器及其说明

序　号	名　称	说　明
1	haarcascade_frontalface_default.xml	人脸检测器（默认）
2	haarcascade_frontalface_alt2.xml	人脸检测器（快速 Harr）
3	haarcascade_profileface.xml	人脸检测器（侧视）
4	haarcascade_lefteye_2splits.xml	眼部检测器（左眼）
5	haarcascade_righteye_2splits.xml	眼部检测器（右眼）
6	haarcascade_mcs_mouth.xml	嘴部检测器
7	haarcascade_mcs_nose.xml	鼻子检测器
8	haarcascade_fullbody.xml	身体检测器
9	lbpcascade_frontalface.xml	人脸检测器（快速 LBP）

如果我们想自己构建分类器，比如用于识别火焰、汽车、数字、花等，同样也可以使用 OpenCV 来训练和构建。

接下来，我们将使用 OpenCV 中已经训练好的 XML 格式的分类器进行人脸检测。OpenCV 的官方网站上提供了许多技术文档，具体的使用实例读者可以查看 https://docs.OpenCV.org/4.0.1/ d7/d8b/tutorial_py_face_detection.html。

8.2　图像中的人脸检测

人脸检测是指在静态或动态的场景及复杂的背景中判断是否存在面相，并分离出这种面相。

✍ **动一动**

在提供的 people.jpg 图像中，使用 OpenCV 来检测人脸，并用矩形框进行标注。

准备好图像，并编写如下代码。

```
import numpy as np
import cv2 as cv
# 加载人脸检测器
face_cascade = cv.CascadeClassifier('cascade_files/haarcascade_frontalface_alt.xml')
# 加载目标图像
img = cv.imread('people.jpg')
# 将图像转换为灰度图
gray = cv.cvtColor(img, cv.COLOR_BGR2GRAY)
# 人脸检测
faces = face_cascade.detectMultiScale(gray, 1.3, 5)
for(x,y,w,h) in faces:
    # 画出人脸的矩形框（蓝色）
    cv.rectangle(img,(x,y),(x+w,y+h),(255,0,0),2)
cv.imshow('img',img)
cv.waitKey(0)
cv.destroyAllWindows()
```

在 people.jpg 图像中有 3 张人脸，运行结果如图 8.5 所示。

图 8.5 人脸检测结果

需要注意的是，import cv2 中的 "2" 并不是 OpenCV 的版本号。OpenCV 是基于 C/C++ 的，"cv" 和 "cv2" 分别表示的是底层 C API 和 C++ API。

另外，人脸检测的核心方法调用如下。

```
void detectMultiScale(
        const Mat& image, CV_OUT vector<Rect>& objects, double scaleFactor = 1.1,
        int minNeighbors = 3, int flags = 0, Size minSize = Size(), Size maxSize =
        Size()
        );
```

其中，参数 image 用来指定需要检测的图像。参数 scaleFactor 表示在前后两次相继的扫描中，搜索窗口的比例系数，默认值为 1.1，表示每次搜索窗口依次扩大 10%。参数 minNeighbors 表示构成检测目标的相邻矩形的最小个数（默认为 3 个）。

✍ **练一练**

在人脸中检测出鼻子，并进行标注，参考代码如下。

```
import numpy as np
import cv2 as cv
# 加载人脸检测器
face_cascade = cv.CascadeClassifier('cascade_files/haarcascade_frontalface_alt.xml')
# 初始化鼻子检测模型
```

```
nose_cascade = cv.CascadeClassifier('cascade_files/haarcascade_mcs_nose.xml')
img = cv.imread('people.jpg')
gray = cv.cvtColor(img, cv.COLOR_BGR2GRAY)
# 人脸检测
faces = face_cascade.detectMultiScale(gray, 1.3, 5)
for(x,y,w,h)in faces:
    # 画出人脸的矩形框（蓝色）
    cv.rectangle(img,(x,y),(x+w,y+h),(255,0,0),2)
    roi_gray = gray[y:y+h, x:x+w]
    roi_color = img[y:y+h, x:x+w]
    # 鼻子检测
    noses = nose_cascade.detectMultiScale(roi_gray,1.3,5)
    for(ex,ey,ew,eh)in noses:
        # 画出鼻子的矩形框（绿色）
        cv.rectangle(roi_color,(ex,ey),(ex+ew,ey+eh),(0,255,0),2)
        break

cv.imshow('img',img)
cv.waitKey(0)
cv.destroyAllWindows()
```

运行上述代码，结果如图 8.6 所示。

图 8.6　鼻子检测结果

8.3　视频中的人脸检测

在 8.2 节中介绍了图像中的人脸检测的方法，那么在动态的视频中如何实现人脸检测呢？本节通过调用机器的摄像头，来实现实时人脸检测的效果。

动一动

使用 OpenCV 实现视频中的人脸检测。

在 OpenCV 中调用摄像头的示例代码如下，当按 Esc 键时，退出摄像程序。

```
#!/usr/bin/Python
# -*- coding: utf-8 -*-
import cv2
# 初始化
cap = cv2.VideoCapture(0)
# 视频缩放
scaling_factor = 0.5
# 循环摄像，当按 Esc 键时退出程序
while True:
```

```
    # 读取视频中的一帧（frame）
    ret, frame = cap.read()
    # 图像大小缩放比例
    frame = cv2.resize(frame, None, fx=scaling_factor, fy=scaling_factor,
            interpolation=cv2.INTER_AREA)
    # 显示图像
    cv2.imshow('camera', frame)
    # 获取键盘事件
    c = cv2.waitKey(1)
    if c == 27: # 按 Esc 键退出
            break
# 释放摄像头
cap.release()
# 关闭窗口
cv2.destroyAllWindows()
```

✏️ 练一练

当需要保存图像时，则按 S 键，代码如下。

```
import time

if c ==ord('s'):
    i = i + 1;
    cv2.imwrite('img' + time.strftime('%m-%d-%S', time.localtime(time.time())) +
str(i)+ '.jpg', frame)
elif c == 27: # 按 Esc 键退出
    break
```

连续按 3 次 S 键后保存的图像结果如图 8.7 所示。

img03-01-241.jpg
img03-01-252.jpg
img03-01-263.jpg

图 8.7　连续按 3 次 S 键后保存的图像结果

✏️ 练一练

实时获取视频并检测其中的人脸，代码如下。

```
#!/usr/bin/Python
# -*- coding: utf-8 -*-
import cv2
import numpy as np
# 加载人脸检测器
face_cascade = cv2.CascadeClassifier('cascade_files/haarcascade_frontalface_alt.xml')
# 检测分类器是否存在
if face_cascade.empty():
    raise IOError('Unable to load the face cascade classifier xml file')
# 初始化视频接口
cap = cv2.VideoCapture(0)
# 视频缩放
scaling_factor = 0.5
# 按 Esc 键退出
while True:
```

```
# 获取当前视频中的一帧图像
ret, frame = cap.read()
frame = cv2.resize(frame, None, fx=scaling_factor, fy=scaling_factor,
         interpolation=cv2.INTER_AREA)
# 将图像转换为灰度图
gray = cv2.cvtColor(frame, cv2.COLOR_BGR2GRAY)
# 人脸检测
face_rects = face_cascade.detectMultiScale(gray, 1.3, 5)
# 画出识别框
for(x,y,w,h) in face_rects:
    cv2.rectangle(frame,(x,y),(x+w,y+h),(255,0,0), 2)
# 在视频中显示该图像
cv2.imshow('Face Detector-Camera', frame)
# 如果按 Esc 键，则退出程序
c = cv2.waitKey(1)
if c == 27:
        break
cap.release()
cv2.destroyAllWindows()
```

实时人脸检测运行结果如图 8.8 所示。

（a）有人脸　　　　　　　　　　　　　　（b）无人脸

图 8.8　实时人脸检测运行结果

练一练

在视频中检测出鼻子，并进行标注。参考代码如下。

```
import cv2
import numpy as np
# 加载检测分类器
face_cascade = cv2.CascadeClassifier('cascade_files/haarcascade_frontalface_alt.xml')
nose_cascade = cv2.CascadeClassifier('cascade_files/haarcascade_mcs_nose.xml')
if face_cascade.empty():
    raise IOError('Unable to load the face cascade classifier xml file')
cap = cv2.VideoCapture(0)
scaling_factor = 0.5
while True:
    ret, frame = cap.read()
    frame = cv2.resize(frame, None, fx=scaling_factor, fy=scaling_factor,
            interpolation=cv2.INTER_AREA)
    gray = cv2.cvtColor(frame, cv2.COLOR_BGR2GRAY)
    face_rects = face_cascade.detectMultiScale(gray, 1.3, 5)
    for(x,y,w,h) in face_rects:
        cv2.rectangle(frame,(x,y),(x+w,y+h),(0,255,0), 2)
        roi_gray = gray[y:y + h, x:x + w]
```

```
        roi_color = frame[y:y + h, x:x + w]
        # 鼻子检测
        noses = nose_cascade.detectMultiScale(roi_gray, 1.3, 5)
        for(ex, ey, ew, eh)in noses:
            cv2.rectangle(roi_color,(ex, ey),(ex + ew, ey + eh),(0, 0, 255), 1)
            break
    cv2.imshow('Face Nose Detector - Camera', frame)
    c = cv2.waitKey(1)
    if c == 27:
        break
cap.release()
cv2.destroyAllWindows()
```

运行上述代码，结果如图 8.9 所示。

图 8.9　视频中的鼻子检测结果

📚 **想一想**

当按 S 键保存识别好的图像时，在哪个位置添加代码可完成人脸检测结果的保存呢？读者可根据本节第二段程序修改代码，实现该功能。

8.4　图像中的人脸识别

人脸识别不同于人脸检测，人脸识别是指将一张需要识别的人脸和训练库中的某张人脸对应起来，判别出是谁。类似指纹识别。而人脸检测则是在一张图像上把人脸寻找出来，完成的是寻找是否有人脸的功能。

- 步骤一：安装与配置 OpenCV-contrib-Python 包。
- 步骤二：准备训练集与测试集，并对训练集做好标记，要求每一个识别对象为一个文件夹，文件夹命名为对应的名字，最后，将所有对象文件夹统一放置在"faces_dataset/train"文件夹下。
- 步骤三：编写代码，训练模型，并使用测试集识别对象，参考代码如下。

```
#!/usr/bin/Python
# -*- coding: utf-8 -*-
import os
import cv2
import numpy as np
from sklearn import preprocessing
# 对图像做好标记，并将文字转化为数字，再进行训练
class LabelEncoder(object):
    # 编码：文字到数字
    def encode_labels(self, label_words):
```

```python
        self.le = preprocessing.LabelEncoder()
        self.le.fit(label_words)
    # 将文字转换为数字
    def word_to_num(self, label_word):
        return int(self.le.transform([label_word])[0])
    # 将数字转换为文字
    def num_to_word(self, label_num):
        return self.le.inverse_transform([label_num])[0]
# 根据路径获取图片
def get_images_and_labels(input_path):
    label_words = []
    # 循环读取所有图片
    for root, dirs, files in os.walk(input_path):
        for filename in(x for x in files if x.endswith('.jpg')):
            filepath = os.path.join(root, filename)
            label_words.append(filepath.split('\\')[-2])
    # 编码
    images = []
    le = LabelEncoder()
    le.encode_labels(label_words)
    labels = []
    # 解析目录结构
    for root, dirs, files in os.walk(input_path):
        for filename in(x for x in files if x.endswith('.jpg')):
            filepath = os.path.join(root, filename)
            # 读入灰度图
            image = cv2.imread(filepath, 0)
            # 获取标记
            name = filepath.split('\\')[-2]
            # 检测是否有人脸，并获取人脸数据
            faces = faceCascade.detectMultiScale(image, 1.1, 2, minSize=(100,100))
            # 输入每张人脸
            for(x, y, w, h)in faces:
                images.append(image[y:y+h, x:x+w])
                labels.append(le.word_to_num(name))
    return images, labels, le
if __name__=='__main__':
    cascade_path = "cascade_files/haarcascade_frontalface_alt.xml"
    path_train = 'faces_dataset/train'
    path_test = 'faces_dataset/test'
    # 读取人脸检测训练结果
    faceCascade = cv2.CascadeClassifier(cascade_path)
    # 初始化人脸识别方法
    recognizer = cv2.face.LBPHFaceRecognizer_create()
    # 获取训练集
    images, labels, le = get_images_and_labels(path_train)
    # 模型训练
    print("\n 使用训练集对模型进行训练...")
    print(labels)
    recognizer.train(images, np.array(labels))
    # 识别测试集
```

```
print('\n 识别图像中的人脸...')
stop_flag = False
for root, dirs, files in os.walk(path_test):
    for filename in(x for x in files if x.endswith('.jpg')):
        filepath = os.path.join(root, filename)
        predict_image = cv2.imread(filepath,0)
        # 人脸检测
        faces = faceCascade.detectMultiScale(predict_image, 1.1,
                2, minSize=(100,100))
        # 人脸识别
        for(x, y, w, h)in faces:
            # 识别
            predicted_index, conf = recognizer.predict(
                    predict_image[y:y+h, x:x+w])
            # 文字到数字的转换
            predicted_person = le.num_to_word(predicted_index)
            # 显示结果（彩色）
            predict_image = cv2.imread(filepath)
            cv2.putText(predict_image, predicted_person,
                    (10,60), cv2.FONT_HERSHEY_SIMPLEX, 2,(0,255,255), 6)
            cv2.imshow("result", predict_image)
            cv2.waitKey(0)
            stop_flag = True
            break
    if stop_flag:
        break
```

- 步骤四：运行上述代码，结果如图 8.10 所示。

图 8.10　人脸识别结果

📖 学一学

必须知道的知识点。

（1）不同的人脸识别方案。

OpenCV 目前支持 3 种人脸识别方案：特征脸（EigenFace）、Fisher 脸（FisherFace）、LBP 直方图（LBPHFace）。分别调用 createEigenFaceRecognizer()、createFisherFaceRecognizer()、createLBPHFaceRecognizer()函数建立模型。

（2）如何保存训练好的模型，以共享给其他程序或人员使用。

例如，当要使用 LBPHFaceRecognizer 来识别人脸时，我们并不需要每次使用都进行一次训练，只需要把训练好的模型通过 save()函数保存成一个文件，下次使用的时候通过调用 read()函数读取即可。

子知识点 1：保存模型为 XML 文件。

```
# 模型训练
print("\n 使用训练集对模型进行训练...")
recognizer.train(images, np.array(labels))
recognizer.save('my_LBPHFaceRecognizer.xml')
```

子知识点 2：读取并使用模型代码。

```
# 读取训练模型
print('\n 读取模型...')
recognizer.read('my_LBPHFaceRecognizer.xml')
```

子知识点 3：保存人脸识别的结果。

```
cv2.imwrite("result-"+predicted_person+'.jpg', predict_image)
```

以上代码说明了如何保存已识别好的图像结果。代码运行结果如图 8.11 所示。

> result-elder brother.jpg
> result-father.jpg
> result-mother.jpg
> result-youger brother.jpg

图 8.11 人脸识别保存结果

子知识点 4：可视化。

```
# 显示结果（彩色）
predict_image = cv2.imread(filepath)
cv2.rectangle(predict_image,(x, y),(x + w, y + h),(0, 0, 255), 2)
cv2.rectangle(predict_image,(x, y + h - 35),(x + w, y + h),(0, 0, 255), 2)
cv2.putText(predict_image, predicted_person,
    (x + 6,y + h - 6),cv2.FONT_HERSHEY_DUPLEX, 1.5,(255,255,255), 2)
cv2.imshow("result", predict_image)
cv2.imwrite("result-" + predicted_person + '.jpg', predict_image)
```

将以上代码填入对应位置，部分图像进行识别后的运行结果示例如图 8.12 所示。

图 8.12 人脸识别结果的可视化

8.5 视频中的人脸识别

至此，我们对人脸检测和人脸识别进行了简单的应用。假如，现需要在视频中实现人脸识别，又该如何操作呢？根据视频的原理，修改上述代码实现视频中的人脸识别。参考代码如下。

```
if __name__ == '__main__':
    cascade_path = "cascade_files/haarcascade_frontalface_alt.xml"
    path_train = 'faces_dataset/train'
    path_test = 'faces_dataset/test'
    # 读取人脸检测训练结果
```

```
face_cascade = cv2.CascadeClassifier(cascade_path)
# 初始化人脸识别方法
recognizer = cv2.face.LBPHFaceRecognizer_create()
# 获取训练集
images, labels, le = get_images_and_labels(path_train)
# 读取训练模型
print('\n 读取模型...')
recognizer.read('my_LBPHFaceRecognizer.xml')
# 识别测试集
print('\n 识别视频中的人脸...')
cap = cv2.VideoCapture(0)
scaling_factor = 0.8
# 按 Esc 键退出
while True:
    ret, frame = cap.read()
    frame = cv2.resize(frame, None, fx=scaling_factor, fy=scaling_factor,
                    interpolation=cv2.INTER_AREA)
    gray = cv2.cvtColor(frame, cv2.COLOR_BGR2GRAY)
    face_rects = face_cascade.detectMultiScale(gray, 1.3, 5)
    predicted_person = ''
    for(x, y, w, h)in face_rects:
        cv2.rectangle(frame,(x, y),(x + w, y + h),(255, 0, 0), 2)
        predicted_index, conf = recognizer.predict(
            gray[y:y + h, x:x + w])
        # 文字到数字的转换
        predicted_person = le.num_to_word(predicted_index)
        cv2.putText(frame[y:y + h, x:x + w], predicted_person,
                (10, 30), cv2.FONT_HERSHEY_SIMPLEX, 1,(0, 255, 255), 2)
    # 显示结果
    cv2.imshow("result", frame)
    c = cv2.waitKey(1)
    if c == 27:
        break
cap.release()
cv2.destroyAllWindows()
```

运行上述代码，结果如图 8.13 所示。

图 8.13　视频中的人脸识别结果

接下来，对显示结果进行可视化，参考代码如下。

```
cv2.rectangle(frame,(x, y + h - 30),(x + w, y + h),(0, 0, 255), 2)
cv2.putText(frame[y:y + h, x:x + w], predicted_person,
```

```
(6,h - 4), cv2.FONT_HERSHEY_SIMPLEX, 1,(255, 255, 255), 2)
```

运行上述代码，结果如图 8.14 所示。

图 8.14 视频中的人脸识别结果的可视化

最后，将识别结果根据需要进行存储与处理。

8.6 课堂实训：眼睛与笑脸检测

【实训目的】

通过本次实训，要求学生了解第三方工具包的应用，并了解机器学习在计算机视觉中的应用，特别是对人脸检测、人脸识别的应用。

【实训环境】

PyCharm、Python 3.7、OpenCV-Python、OpenCV-contrib-Python。

【实训内容】

（1）使用 OpenCV 实现从人脸图片中完成眼睛检测的效果，并标记。

要求至少保存 2 张正确的识别结果的图片。

（2）使用 OpenCV 实现从人脸图片中完成笑脸检测的效果，并标记。

要求至少保存 2 张正确的识别结果的图片。眼睛与笑脸结合的检测结果示例如图 8.15 所示。

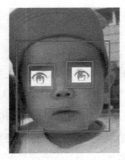

图 8.15 眼睛与笑脸结合的检测结果示例

（3）使用 OpenCV 实现从实时摄像视频中完成眼睛或笑脸检测的效果，并标记。

要求至少保存 2 张正确的识别结果的图片。视频中的笑脸检测结果示例如图 8.16 所示。

图 8.16　视频中的笑脸检测结果示例

（4）建立动物的训练集，使用 OpenCV 识别物体。

第 1 步：准备数据集。

第 2 步：设计方法，编写代码。

第 3 步：训练模型。

第 4 步：测试模型。

第 5 步：评估模型。

第 6 步：修改与应用。

在图 8.17 中，使用了 OpenCV 对已标记好的含有狮子的图像和不含有狮子的图像进行训练，识别出有狮子的图像，并用矩形框框出识别结果。

（a）无狮子　　　　　　　　　　　　　　　　（b）有狮子

图 8.17　狮子图像检测结果示例

8.7　练习题

1．人工智能的目的是让机器能够（　　　），以实现人类某些脑力劳动的机械化。

　　A．具有智能　　　　　　　　　　　　　B．和人一样工作

　　C．完全代替人的大脑　　　　　　　　　D．模拟、延伸和扩展人类的智能

2．判断题：人工智能识别图像是从输入到输出的神经网络过程（　　　）。

3．检测人脸需要使用哪种特征器？

4．在 OpenCV 中，使用什么语句可将图像转换为灰度图？

5．代码 faces = face_cascade.detectMultiScale(gray, 1.3, 5)的作用是什么？

6．查阅：OpenCV 中使用了哪种机器学习方法完成的人脸检测？

7．cvWaitKey(delay)的作用是什么？

【参考答案】

1．D。

2．对。

3．haarcascade_frontalface_alt。

4．OpenCV 中使用 cv2.cvtColor(img, cv.COLOR_BGR2GRAY)可将图像转换为灰度图。

5．调用 detectMultiScale()函数检测人脸，并把检测到的人脸存储在 faces 变量中。

6．略。

7．当 delay 小于或等于 0 时，如果没有键盘触发，则一直等待，此时的返回值为-1，否则返回值为键盘按下的码字；当 delay 大于 0 时，如果没有键盘触发，则等待 delay 的时间，此时的返回值为-1，否则返回值为键盘按下的码字。

手写数字识别应用

- 了解图片字符识别的原理，特别是图片数字的识别。
- 掌握对图像数据的读取、操作和使用。
- 掌握不同机器学习方法在字符识别领域的应用。
- 进一步掌握 sklearn 包中支持向量机、神经网络在图像数据中的应用。
- 了解不同的调参方法及其过程。

9.1 背景知识

机器学习的一个重要应用领域就是模式识别。模式识别使用数学技术方法来研究模式的自动处理和判读。随着计算机技术的发展，人类将有可能研究复杂的信息处理过程，其过程的一个重要形式是生命体对环境及客体的识别。模式识别以图像处理与计算机视觉、语音语言信息处理、脑网络组、类脑智能等为主要研究方向，研究人类模式识别的机理及有效的计算方法。模式识别包括语音识别、图像识别、车牌识别、文字识别、人脸识别、信号识别等。

以手写体文字识别为例，人类可以很容易理解一张图像所表达的信息，这是人类视觉系统数万年演变进化的结果。但对于计算机这个诞生、进化不到百年的"新星"，要让它理解一张图像上的信息则是一个复杂的过程。计算机理解图像是一个数字计算、比较的过程。

图像的传统识别流程分为 4 个步骤：图像采集→图像预处理→特征提取→图像识别。要识别图像字符，首先需要有模板库，即图像采集。对于识别简单字符，用户可自己进行训练，也可从网上下载数据集。

使用的模型可以是 K 近邻、SVM、ANN、CNN 等，都可以达到较好的效果。要想把图像数据输入训练好的模型中，需要对图像进行预处理，包括去除不必要的信息，如进行灰度化、二值化处理等，有时还需要对图像进行分割，分割得到的每一张图像结果与一个识别结果相对应，并以此来完成整张图像结果的识别。

接下来，我们将使用不同的方法对网络上公开的手写数字数据集进行训练，产生模型，要求训练好的模型可以准确地识别其中的数字。

9.2　图像数据集准备

9.2.1　MNIST 数据集格式

　　MNIST 是一个很好的手写数字数据集,很多的深度学习框架都编有以 MNIST 为样本数据集的参考实例,在网上很容易找到资源。但是下载下来的文件并不是普通的图片格式。在 MNIST 数据集中,包括如图 9.1 所示的 4 个文件。这些文件都是二进制流格式。

```
t10k-images.idx3-ubyte
t10k-labels.idx1-ubyte
train-images.idx3-ubyte
train-labels.idx1-ubyte
```

图 9.1　MNIST 数据集文件

　　图 9.1 中的 train-images.idx3-ubyte.gz 文件是训练数据集图像,文件大小约为 9.9MB,解压后约为 47MB,包含 60 000 个样本,每个样本的大小为 28 像素×28 像素,如图 9.2 所示。

```
TRAINING SET IMAGE FILE (train-images-idx3-ubyte):

[offset] [type]          [value]          [description]
0000     32 bit integer  0x00000803(2051) magic number
0004     32 bit integer  60000            number of images
0008     32 bit integer  28               number of rows
0012     32 bit integer  28               number of columns
0016     unsigned byte   ??               pixel
0017     unsigned byte   ??               pixel
........
xxxx     unsigned byte   ??               pixel
```

图 9.2　训练数据集信息(图像)

　　图 9.1 中的 train-labels.idx1-ubyte.gz 文件是训练数据集对应的标签,文件大小约为 29 KB,解压后约为 60KB,包含 60 000 个标签,每一个标签是 32 位,4 个字节大小,如图 9.3 所示。

```
TRAINING SET LABEL FILE (train-labels-idx1-ubyte):

[offset] [type]          [value]          [description]
0000     32 bit integer  0x00000801(2049) magic number (MSB first)
0004     32 bit integer  60000            number of items
0008     unsigned byte   ??               label
0009     unsigned byte   ??               label
........
xxxx     unsigned byte   ??               label
The labels values are 0 to 9.
```

图 9.3　训练数据集信息(标签)

　　图 9.1 中的 t10k-images.idx3-ubyte.gz 文件是测试数据集图像(Test Set Images),文件大小约为 1.6MB,解压后约为 7.8MB,包含 10 000 个样本。图 9.1 中的 t10k-labels.idx1-ubyte.gz 文

件是测试数据集对应的标签（Test Set Labels），文件大小约为 5KB，解压后约为 10KB，包含 10 000 个标签。

上述文件不转换为图片格式也可以使用。但有时，我们希望得到可视化的图片格式，方便我们了解其中的逻辑与对应操作。

9.2.2 获取 MNIST 数据集中的图像

根据上述对数据集的基本介绍，我们可知图像与标签是一一对应的关系。通过解读图像数据文件和标签数据文件，可以获得对应的图像，主要步骤如下。

（1）读取二进制流格式的文件，参考代码如下。

```
data_buf = open('train-images.idx3-ubyte', 'rb').read()
```

（2）解析文件内容。

在 Python 中，可以使用 struct 中的 unpack_from()方法来获得相应的数据信息，参考代码如下。

```
magic, numImages, numRows, numColumns = struct.unpack_from('>IIII', data_buf, 0)
datas = struct.unpack_from('>' +'47040000B', data_buf, struct.calcsize('>IIII'))
datas = np.array(datas).astype(np.uint8).reshape(numImages, 1, numRows, numColumns)
```

（3）存储为图像文件。

获取第一个 28 像素×28 像素的图像，并存储为"mnist_train_1.png"文件，参考代码如下。

```
img = Image.fromarray(datas[1, 0, 0:28, 0:28])
img.save('mnist_train_1.png ')
```

写出循环语句，对 MNIST 数据集中的所有样本根据上述步骤进行处理，得到的部分结果如图 9.4 所示。每一个训练样本为一个标准化的手写数字，大小为 28 像素×28 像素。在训练时，将这些图像作为输入，而将其对应的标签"8"作为输出进行训练，得到模型。

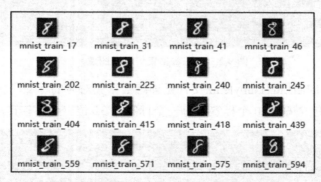

图 9.4 训练数据集中的部分"8"手写图像

测试数据集的处理过程同上，不再详述。

9.3 使用支持向量机识别手写数字

📝 **动一动**

使用 sklearn 包中的 SVM 实现手写数字的识别。

- 步骤一：读取数据，参考代码如下。

```
# 导入必备的包
```

```python
import numpy as np
import struct
import os
# 定义加载所有训练数据集的函数
def load_mnist_train():
    labels_path = 'mnist/train-labels.idx1-ubyte'
    images_path = 'mnist/train-images.idx3-ubyte'
    with open(labels_path, 'rb')as lbpath:
        magic, n = struct.unpack('>II',lbpath.read(8))
        labels = np.fromfile(lbpath,dtype=np.uint8)
    with open(images_path, 'rb')as imgpath:
        magic, num, rows, cols = struct.unpack('>IIII',imgpath.read(16))
        images = np.fromfile(imgpath,dtype=np.uint8).reshape(len(labels), 784)
    return images, labels
# 定义加载所有测试数据集的函数
def load_mnist_test():
    labels_path = 'mnist/t10k-labels.idx1-ubyte'
    images_path = 'mnist/t10k-images.idx3-ubyte'
    with open(labels_path, 'rb')as lbpath:
        magic, n = struct.unpack('>II',lbpath.read(8))
        labels = np.fromfile(lbpath,dtype=np.uint8)
    with open(images_path, 'rb')as imgpath:
        magic, num, rows, cols = struct.unpack('>IIII',imgpath.read(16))
        images = np.fromfile(imgpath,dtype=np.uint8).reshape(len(labels), 784)
    return images, labels
# 加载数据集
train_images, train_labels = load_mnist_train()
test_images, test_labels = load_mnist_test()
```

- 步骤二：准备数据，参考代码如下。

```python
from sklearn import preprocessing
# 60000 个训练数据
x = preprocessing.StandardScaler().fit_transform(train_images)
x_train = x[0:60000]
y_train = train_labels[0:60000]
# 10000 个测试数据
x = preprocessing.StandardScaler().fit_transform(test_images)
x_test = x[0:10000]
y_test = test_labels[0:10000]
```

- 步骤三：训练模型，参考代码如下。

```python
# 加载 SVM
from sklearn import svm
import time
print('开始训练...')
print(time.strftime('%Y-%m-%d %H:%M:%S'))
model_svc = svm.LinearSVC()
model_svc.fit(x_train,y_train)
print('结束训练...')
print(time.strftime('%Y-%m-%d %H:%M:%S'))
```

- 步骤四：对测试数据集进行模型评估，参考代码如下。

```python
print('预测开始...')
```

```
y_pred = model_svc.predict(x_test)
print('10000 个测试数据的测试精确率：')
print(model_svc.score(x_test,y_test))
```

运行上述代码，结果如图 9.5 所示，精确率为 0.9099。训练线性 SVM 模型大约用时 10 分 30 秒。

```
开始训练...
2019-08-24 18:15:52
结束训练...
2019-08-24 18:26:31
预测开始...
10000 个测试数据的测试精确率：
0.9099
```

图 9.5　模型评估精确率

也可以调用模型评估报告来查看结果，参考代码如下。

```
from sklearn.metrics import classification_report

print(classification_report(y_pred, y_test))
```

模型评估报告如图 9.6 所示，其中，0、1、4、6 的预测精确率相对较高。

	precision	recall	f1-score	support
0	0.97	0.92	0.95	1033
1	0.98	0.95	0.97	1169
2	0.88	0.93	0.90	976
3	0.90	0.89	0.90	1021
4	0.93	0.90	0.92	1020
5	0.85	0.86	0.86	883
6	0.94	0.93	0.93	962
7	0.91	0.91	0.91	1031
8	0.85	0.88	0.86	939
9	0.86	0.90	0.88	966
avg / total	0.91	0.91	0.91	10000

图 9.6　模型评估报告

- 步骤五：可视化预测结果与图像的对应关系，参考代码如下。

```
import matplotlib.pyplot as plt

print('前 100 张测试图像的预测结果')
# 显示前 100 个样本的真实标签和预测值
fig1=plt.figure(figsize=(8,8))
fig1.subplots_adjust(left=0,right=1,bottom=0,top=1,hspace=0.05,wspace=0.05)
for i in range(100):
    # 用子图显示第 i 张图像
    ax=fig1.add_subplot(10,10,i+1,xticks=[],yticks=[])
    ax.imshow(np.reshape(test_images[i],  [28,28]),cmap=plt.cm.binary,interpolation=
'nearest')
    # 在图上方显示预测结果值
    ax.text(20, 20, str(y_pred[i]), color='blue',size = 20)
plt.show()
```

图 9.7 显示了前 50 张图像的具体预测结果。

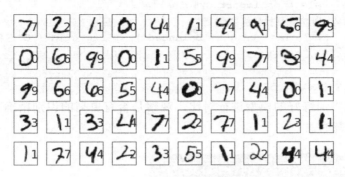

图 9.7　前 50 张图像的具体预测结果

为了更好地找到出错的图像，我们用不同颜色或位置来显示错误的预测结果，如图 9.8 所示。

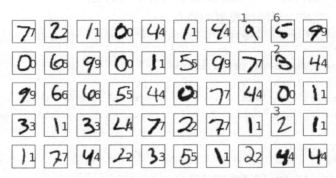

图 9.8　用不同颜色或位置来显示错误的预测结果

当模型训练好以后，我们就可以使用它来进行手写数字的识别。当有新的手写体时，可以调用该训练好的模型进行判别。

在机器学习模型中，需要手动选择的参数称为超参数。比如随机森林中决策树的个数、人工神经网络模型中的隐藏层层数和每层的节点个数、正则项中常数的大小等，它们都需要事先指定。如果超参数选择不恰当，就会出现欠拟合或过拟合的问题。

选择超参数有两种方式：一是凭经验；二是将不同大小的参数代入模型中，挑选表现最好的参数。通过方式二选择超参数时，人工调节注意力成本太高，非常不值得。而且 for 循环或类似于 for 循环的方法受限于太过分明的层次，不够简洁与灵活，注意力成本高，易出错。

GridSearchCV 称为网格搜索交叉验证调参，它通过遍历传入的参数的所有排列组合，采用交叉验证的方式，返回所有参数组合下的评价指标得分。GridSearchCV 的实质是暴力搜索。该方法对小数据集很有用，但当数据集太大时就不太适用了。当数据集比较大的时候可以使用一种快速调优的方法——坐标下降。它其实是一种贪心算法：对当前模型影响最大的参数进行调优，直到最优化；再对下一个影响最大的参数进行调优，如此执行下去，直到所有的参数调整完毕。这个算法的缺点是可能会调到局部最优而不是全局最优，但优点是省时、省力。

✎ **练一练**

使用 GridSearchCV 为 SVC 模型寻找最优参数来识别手写字体。

使用 GridSearchCV 调参，训练 SVC 模型的参考代码如下。

```
from sklearn.model_selection import GridSearchCV
# 调用 GridSearchCV，为 SVC 寻找最优参数
clf = GridSearchCV(SVC(class_weight='balanced'), param_grid={"C":[0.1, 1, 20, 10],
"gamma":[0.01,5,0.1]}, cv=4)
# 用训练集训练 SVC
clf.fit(x_train, y_train)
```

同样地，可以将训练好的模型进行对比，观察是否有更高的识别精确率。但是，寻找最优参数的过程相对耗时。

9.4 使用神经网络识别手写数字

✎ 动一动

使用 sklearn 包中的 MLPClassifier 实现手写数字的识别。

参考如下代码，完成神经网络模型的建立。

```
from sklearn.neural_network import MLPClassifier
print('开始训练...')
print(time.strftime('%Y-%m-%d %H:%M:%S'))
# 神经网络分类预测
mlp = MLPClassifier(solver='sgd', activation='relu',alpha=1e-4,hidden_layer_
sizes=(10,10), random_state=1,max_iter=500,verbose=10,learning_rate_init=.001)
# 训练模型
mlp.fit(x_train, y_train)
print('结束训练...')
print(time.strftime('%Y-%m-%d %H:%M:%S'))


# 评估模型
y_pred = mlp.predict(x_test)
print("预测精确率:{:.2f}".format(mlp.score(x_test,y_test)))

print(pd.crosstab(y_test, y_pred, rownames=['Actual Values'], colnames=
['Prediction']))
# 输出测试集的预测结果与真实值的评估报告
print(classification_report(y_test, y_pred))
```

在上述代码中，神经网络使用了分别都有 10 个节点的两层隐藏层，训练过程如下。

```
开始训练...
2019-08-24 17:24:16
Iteration 1, loss = 1.81559656
Iteration 2, loss = 1.03819475
Iteration 3, loss = 0.77358865
...
Iteration 234, loss = 0.13965902
Training loss did not improve more than tol=0.000100 for two consecutive epochs. Stopping.
结束训练...
2019-08-24 17:26:55
预测精确率:0.94
```

其中，预测精确率为 0.94。识别结果及评估报告如图 9.9 所示。通过对评估结果的分析，

读者可优化参数以得到更精确的结果。

```
Prediction        0     1     2     3     4     5     6     7     8     9
Actual Values
0               953     0     5     2     1     2    11     3     2     1
1                 0  1118     3     2     0     1     3     3     5     0
2                10     4   952    12     5     4    13    11    20     1
3                 6     3    14   934     1    23     3     6    16     4
4                 2     0    11     0   932     2     8     4     2    21
5                 6     4     4    17     6   823     8     2    16     6
6                13     2    11     0     4    12   915     0     1     0
7                 2     5    19     9     7     2     1   957     3    23
8                11     7     7    24    11    17     7     7   874     9
9                 6     6     0    10    30     9     1    12     9   926
```

（a）识别结果

	precision	recall	f1-score	support
0	0.94	0.97	0.96	980
1	0.97	0.99	0.98	1135
2	0.93	0.92	0.93	1032
3	0.92	0.92	0.92	1010
4	0.93	0.95	0.94	982
5	0.92	0.92	0.92	892
6	0.94	0.96	0.95	958
7	0.95	0.93	0.94	1028
8	0.92	0.90	0.91	974
9	0.93	0.92	0.93	1009
avg / total	0.94	0.94	0.94	10000

（b）评估报告

图 9.9　识别结果及评估报告

预测结果与真实图像的对比如图 9.10 所示。相比于 9.3 节中使用的 SVM 模型，神经网络的训练时间更快，约为 2 分钟，并且具有更高的识别精确率。

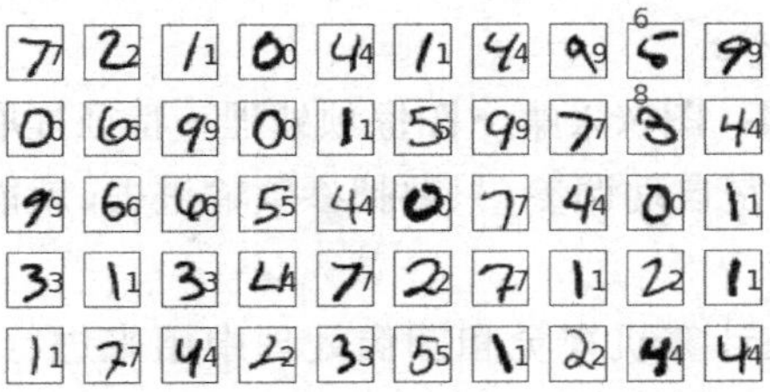

图 9.10　预测结果与真实图像的对比

9.5　课堂实训：使用不同的方法识别手写数字

【实训目的】

通过本次实训，要求学生了解第三方工具包的应用，并了解机器学习在计算机视觉中的应用，特别是数字识别的应用。

【实训环境】

PyCharm、Python 3.7、Pandas、NumPy、Matplotlib、sklearn。

【实训内容】

1．使用传统的机器学习方法识别手写数字

使用传统的机器学习方法（如 K 近邻）识别手写数字。要求精确率达到 0.90 以上。

2．LeNet 卷积神经网络

LeNet 是由 LeCun 在 1998 年提出的，用于解决手写数字识别的视觉问题。从那时起，卷积神经网络最基本的架构就定下来了：卷积层、池化层、全连接层。

尝试使用 LeNet 完成 MNIST 数据集中的数字识别任务，读者也可以尝试使用其他改进的卷积神经网络模型进行识别，以达到更快的训练速度和更高的精确率。

9.6　练习题

1．手机上广泛使用的手写输入技术，主要用到了（　　）。

    A．光学字符识别技术　　　　　　　　B．手写数字识别技术

    C．语音识别技术　　　　　　　　　　D．机器翻译技术

2．什么是图像识别技术？

3．图像识别的 4 个步骤是什么？

4．GridSearchCV 的作用是什么？

5．举例说明 SVM 在图像识别领域的应用。

6．查阅：神经网络、卷积神经网络、深度学习在图像识别领域的应用情况。

【参考答案】

1．B。

2．图像识别技术是人工智能的一个重要领域。它是指对图像进行对象识别，以识别各种不同模式的目标和对象的技术。

3．图像识别的 4 个步骤：图像采集→图像预处理→特征提取→图像识别。

4．GridSearchCV 的作用是自动调参，只要把参数输进去，就能给出优化后的结果和参数。这种方法适合于小数据集。

5．HOG 特征是一种在计算机视觉和图像处理中用来进行物体检测的特征描述子，与 SIFT、SURF、ORB 属于同一类型的描述符。HOG 不是基于颜色值而是基于梯度来计算直方图的，它通过计算和统计图像局部区域的梯度方向直方图来构建特征。HOG 特征结合 SVM 分类器已经被广泛应用到图像识别中，尤其在行人检测中获得了极大的成功。

6．略。

深度学习在行为识别中的应用

- 了解深度学习的基本概念与应用。
- 了解常用的深度学习方法，包括卷积神经网络和循环神经网络。
- 应用卷积神经网络、循环神经网络解决简单问题。
- 掌握第三方工具包 Keras 的安装与配置方法。
- 了解卷积神经网络、循环神经网络在 Keras 包中的使用方法。
- 掌握 Keras 包在序列数据中的应用方法。

10.1　背景知识

最近几年，人工智能成为研究热点，归根结底源于深度学习技术的兴起。目前，深度学习在计算机视觉、自然语言处理等方向得到了突飞猛进的发展。在 2012 年的 ImageNet 大规模图像识别竞赛（ILSVRC2012）中，卷积神经网络以超过第二名将近 10 个百分点的成绩（83.6%的 Top5 精度）碾压第二名（74.2%，使用传统的计算机视觉方法）后，深度学习开始真正火热起来。卷积神经网络（CNN）成为家喻户晓的名字。

深度学习技术已在图像识别领域取得了令人瞩目的成绩。实践表明，深度卷积神经网络已经成为当前世界图像识别竞赛的主流方法。自然语言处理同样是人工智能领域的研究热点。语言包括语音和文字两大部分。与图像数据不同，语言数据是一维的字符序列。显然，深度神经网络不再适用于这种类型的数据。因此，人们提出了使用循环神经网络（Recurrent Neural Networks，RNN）来提取自然语言的序列信息，并建立数学模型解决相应问题的想法。自然语言处理（NLP）是创造能够处理或理解语言以完成特定的任务的系统，包括机器翻译、智能对话、文字语义理解等。通过使用循环神经网络（RNN）或长短期记忆（LSTM）的深度学习极大地促进了自然语言处理的发展。

10.1.1　卷积神经网络（CNN）

如前所述，传统的图像识别流程分为 4 个步骤：图像采集→图像预处理→特征提取→图像识别。要识别图像就必须借助 SIFT、HOG 等算法提取特征，再结合 K 近邻、支持向量机等机器学习方法进行图像识别。手动提取特征不仅工作量大，而且提取的特征的优劣直接影响最后识别精确率的高低。

卷积神经网络最初是为了解决图像识别等问题而设计的。卷积神经网络可以直接把图像作为输入，最后输出图像的类别，不需要使用 SIFT、HOG 等算法进行复杂特征的提取及大量的图像预处理工作。卷积神经网络的两个主要特征在于局部连接和权值共享。

局部连接是指卷积层的节点仅仅和其前一层的部分节点相连接，只用来学习局部特征。举个例子，假如输入一张大小为 1000 像素×1000 像素的图片，并有 $1×10^6$ 个隐藏层单元，如果采用全连接神经网络将有 $1×10^{12}$ 个参数。如果采用局部连接，每个局部连接大小为 10×10 个，隐藏层单元还是 $1×10^6$ 个，通过计算采用局部连接只需要 $1×10^8$ 个参数，大约减少了 $1×10^8$ 个参数。

卷积神经网络的另一个特征是权值共享，比如一个带 3×3 个值的卷积核，共有 9 个参数，它会和输入图片的不同区域进行卷积来检测相同的特征。不同的卷积核会对应不同的权值参数来检测不同的特征。

卷积神经网络的这两大特征，大大减少了参数数量，使训练复杂度大大降低，并减轻了过拟合。当然，卷积神经网络不仅仅只限于图像（二维的像素网格），在时间序列数据中（在时间轴上有规则的一维网格）也有极大的表现力。

卷积运算由图像数据和卷积核两部分组成，卷积核的大小一般为 1 像素×1 像素、3 像素×3 像素或 5 像素×5 像素，图像中每一个和卷积核大小相等的位置，都会与卷积核进行对应位置的相乘并求和。也就是说，通过将卷积核置于图像数据左上方，然后进行从左到右、从上到下的运算，所有数字根据相对位置拼接起来，最后得到的结果就是卷积运算的结果，其运算过程示例如图 10.1 所示。

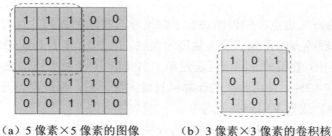

（a）5 像素×5 像素的图像　　　（b）3 像素×3 像素的卷积核　　　（c）运算结果

图 10.1　卷积运算过程示例

池化运算是对于卷积运算的一个凝练与升华，根据卷积计算的结果进一步提取一些更高价值的信息，常见的池化运算有最大池化（MAX）、均值池化（AVG）等。池化运算过程示例如图 10.2 所示。

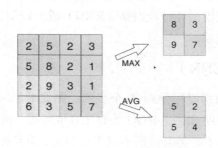

图 10.2　池化运算过程示例

10.1.2　循环神经网络（RNN）

循环神经网络是神经网络的另一种扩展，它由一系列有顺序的数据（见图 10.3 中的 $x_0, x_1, \ldots,$ x_t）作为输入。它是根据"人的认知是基于过往的经验和记忆"这一观点提出的，对所处理过的信息留存一定的"记忆"。其最主要的特点在于输入和输出之间保持的重要联系，其神经元的输出再接回神经元的输入。循环神经网络的结构如图 10.3 所示。其中，x 是输入数据，h 是输出数据，右侧为隐藏层的层级展开图。

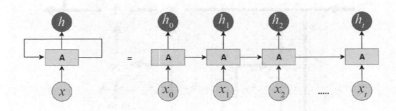

图 10.3　循环神经网络的结构

循环神经网络主要用来处理序列数据，例如，自然语言处理（文本翻译，文字之间存在着时间的先后顺序）、传感器数据（传感器随着时间收集数据）、气象观测数据（通过过去的天气预测未来的天气情况）等。

传统的循环神经网络在很大程度上会受到短期记忆的影响，如果序列足够长，则它很难将信息从早期时间步传递到靠后的时间步。因此，如果要根据一段文字来进行预测，则循环神经网络可能从一开始就会遗漏重要的信息。在反向传播过程中，循环神经网络也存在梯度消失等问题。一般而言，梯度用来更新神经网络权值，梯度消失问题是指梯度会随着时间的推移逐渐缩小而接近零。如果梯度值变得非常小，则它就不能为学习提供足够的信息。所以在循环神经网络中，通常是前期的层会因为梯度消失而停止学习。因此，循环神经网络会忘记它在更长的序列中看到的对象，从而只拥有短期记忆。

因此，在循环神经网络中，有两个非常重要的概念：一是长短期记忆网络（LSTM）；二是门控循环单元网络（GRU）。它们可以作为短期记忆的解决方案，是循环神经网络的主要变体。它们通过一种称为"门"的内部机制来调节信息流。

长短期记忆网络在传统的循环神经网络基础上加入了输入门（Input Gate）、输出门（Output Gate）和遗忘门（Forget Gate）。输入门和输出门用来控制信息的输入和输出，遗忘门用来控制信息是否进行更新，结构如图 10.4 所示。

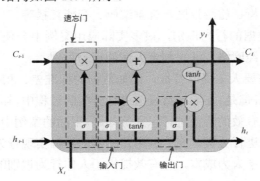

图 10.4　长短期记忆网络的结构

如图 10.5 所示，门控循环单元网络相比于长短期记忆网络在结构上更加简单，并且参数也更少，门控循环单元网络只包含更新门（Update Gate）和重置门（Reset Gate）两个门控单元。它将长短期记忆网络中的输入门和遗忘门合成了一个单一的更新门。因此，更新门可以控制前一状态信息保存到当前状态的程度，重置门用于控制忽略前一时刻的状态信息的程度。门控循环单元网络的张量运算很少，因此与长短期记忆网络相比，它的训练速度要快一些。

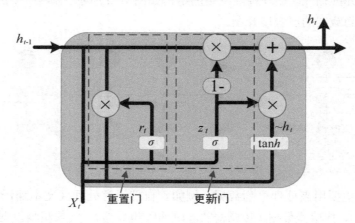

图 10.5　门控循环单元网络的结构

相比于传统的循环神经网络，长短期记忆网络和门控循环单元网络在性能上更好，结构上更加简单，可以避免传统循环神经网络梯度消失和梯度爆炸的问题。因此，相比传统的循环神经网络，它们更能够记住早期的信息。创建长短期记忆网络和门控循环单元网络的目的是利用"门"的机制来缩短短期记忆。长短期记忆网络和门控循环单元网络广泛应用在语音识别、语音合成、自然语言理解等最先进的深度学习应用中，甚至可以用它们来生成视频的字幕。

10.1.3　深度学习的应用

利用深度学习可以对人体的行为、动作进行跟踪、特征提取，并可以实时识别发型、年龄、性别、种族、是否戴帽、是否背包、上衣类型与颜色、裤子类型与颜色等外部属性，在检测到行人的特征之后，也可实现行人的特征检索，即依据行人的图片在邻近摄像机的行人的视频中进行检索。在应用中，也常常使用基于骨骼关键点检测的深度神经网络，自动识别人体姿势，如关节、五官等，通过关键点描述人体骨骼信息，以此来判别动作类型。深度神经网络可应用于很多领域，包括智能交通、轨道交通、安防监控、智慧商业、智慧养老、安全生产、智慧监所、影视娱乐、司法分析、旅游景区、视频编码、智能直播等。

不同于上述基于视频数据的行为识别，很多实际应用案例中会使用手机的传感器信号，通过循环神经网络和卷积神经网络方法来判定人体的行为类别。

传统的人体行为识别需要人工提取特征，比如数据的标准差、相关系数、最大值等，然后通过这些特征值进行分类。但是，在通过特征值进行分类的过程中，存在着提取特征不全面，对一些相似的行为无法提取有效的特征进行识别等问题。下面的案例中将通过卷积神经网络和循环神经网络来对行为数据进行分类，充分利用传感器的数据实现行为判定。在识别过程中，不需要人工提取特征，节省了人力成本，并有效提高了人体行为识别的精确率。

10.2 使用卷积神经网络识别行为

10.2.1 环境准备

Keras 是一个用 Python 语言编写的开源人工神经网络包，可以作为 TensorFlow、Microsoft-CNTK 和 Theano 的高阶应用程序接口，进行深度学习模型的设计、调试、评估、应用和可视化。同时，使用 Keras 包可以简单地搭建深度学习模型，进行模型训练和预测，并且有助于新手快速理解并运用该深度学习模型。

本章搭建的模型都是通过 Keras 包实现的。要使用 Keras 包，需要先安装必要的 NumPy、Pandas 等包，同时还需要安装深度学习包 TensorFlow 和 Keras。

通过按 Windows+R 快捷键打开 cmd 命令行窗口，然后输入命令 pip install tensorflow 和 pip install keras 分别安装 TensorFlow 包和 Keras 包。主要运行的代码如下。

```
pip install tensorflow
pip install keras
```

安装成功后，我们就可以进入下一步的学习和操作了。

10.2.2 数据的获取与解析

人体携带装有相应传感器（如加速度计、陀螺仪等）的手机即可获得相应的数据。当然，网络上也有很多数据可以直接拿来用作训练，我们可以通过 https://archive.ics.uci.edu/ml/machine-learning-databases/00240 下载相应的数据包。该数据包中的数据集由 30 名年龄在 19～30 岁的志愿者的信息组成。每名志愿者腰间佩戴智能手机（三星 Galaxy S II）进行 6 项活动（走、上楼、下楼、坐、站、躺），利用其内置的加速度计和陀螺仪进行数据采集。在采集过程中，以恒定的频率捕捉线性加速度和角速度。

将实验数据集存储下来，并利用人工进行标注。所获得的数据集被随机分成两组，其中，70%的志愿者被选中生成训练数据，30%的志愿者被选中生成测试数据。

传感器信号（加速度计和陀螺仪）通过应用噪声滤波器进行预处理，使用 2.56 秒和 50%重叠宽度固定的滑动窗口来采样数据。利用巴特沃斯低通滤波器将传感器加速度信号分解为物体加速度和重力信号，传感器加速度信号由重力分量和物体运动分量组成。假设重力只有低频分量，因此使用了截止频率为 0.3Hz 的滤波器。在每个窗口中，通过计算时间域和频率域的变量得到特征向量。简言之，这些下载下来的数据已经经过噪声去除处理，并通过 2.56 秒时长对传感器数据采样进行了分离。

数据集中包括如下内容。

（1）features_info.txt：显示有关在特征向量上使用的变量信息。

（2）features.txt：所有功能的列表。

（3）activity_labels.txt：类标签与其活动名称的对应关系。

（4）train/x_train.txt：训练集数据。

（5）train/y_train.txt：训练集标签。

（6）test/x_test.txt：测试集数据。

（7）test/y_test.txt：测试集标签。

以下文件可用于进行训练和测试。

（1）train/subject_train.txt：标识为每个窗口活动的主体，范围为 1～30。

（2）train/Inertial Signals/total_acc_x_train.txt：来自智能手机加速度计 x 轴的加速度信号，标准重力单位为"g"，每行显示一个 128 值的向量，"ToothAcxxxSuff.txt"和"ToothAcAccZZReal.Txt"文件对应于 y 轴和 z 轴的数据。

（3）train/Inertial Signals/body_acc_x_train.txt：从总加速度中减去重力得到的加速度信号。

（4）train/Inertial Signals/body_gyro_x_train.txt：陀螺仪中每个窗口样本测量的角速度矢量，单位是 rad/s。

10.2.3　数据集分析

在应用前，对训练集和测试集数据进行统计分析，结果如图 10.6 和图 10.7 所示。图 10.6 显示的是训练样本中各个行为的数据统计，根据柱状图可以看出，各个行为数据基本均衡，没有出现特别多或特别少的情况。因此，数据不需要进行其他处理。图 10.7 显示的是测试样本的行为数据统计，可以看出，样本数据在 6 个行为上的分布是均衡的。均匀分布适用于各个行为的预测评估。

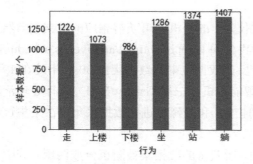

图 10.6　训练集中的行为数据统计

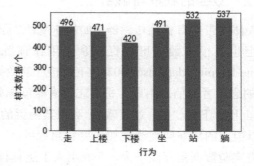

图 10.7　测试集中的行为数据统计

10.2.4　卷积神经网络的应用

动一动

使用卷积神经网络（CNN）进行行为识别。

- 步骤一：读取训练数据，参考代码如下。

```python
import pandas as pd
import numpy as np
# 数据集文件夹名
DATADIR = 'UCI HAR Dataset'
# 各个传感器的方向名
SIGNALS = [

"body_acc_x","body_acc_y","body_acc_z","body_gyro_x","body_gyro_y","body_gyro_z","t
otal_acc_x","total_acc_y","total_acc_z"
]
# 定义读取数据的方法
def load_x(subset):
```

```
    signals_data = []
    for signal in SIGNALS:
        # 数据集的文件夹位置
        filename = '{0}/{1}/Inertial Signals/{2}_{1}.txt'.format(DATADIR,subset,signal)
        signals_data.append(
            pd.read_csv(filename, delim_whitespace=True, header=None).values
        )
    return np.transpose(signals_data,(1, 2, 0))
# 定义读取标签的方法
def load_y(subset):
    filename = '{0}/{1}/y_{1}.txt'.format(DATADIR,subset)
    y = pd.read_csv(filename, delim_whitespace=True, header=None)[0]
    return pd.get_dummies(y).values
# 加载数据
def load_data():
    x_train, x_test = load_x('train'), load_x('test')
    y_train, y_test = load_y('train'), load_y('test')
    return x_train, x_test, y_train, y_test
# 运行加载数据
X_train, X_test, Y_train, Y_test = load_data()
```

- 步骤二：设置参数，参考代码如下。

```
conv_size1 = 64  # 第一次卷积得到的特征图个数
conv_size2 = 32  # 第二次卷积得到的特征图个数
kernel_size = 3  # 卷积核大小
timesteps=128    # 步长
input_dim=9      # 维度
n_classes=6      # 类别个数
pool_size=2      # 池化大小
batch_size = 16  # 每个批次大小
epochs = 30      # 训练次数
```

- 步骤三：定义模型，并使用前面获得的数据进行训练，参考代码如下。

```
from keras.models import Sequential
from keras.layers import AveragePooling1D,Dense,Conv1D,Flatten,Activation
model = Sequential()
model.add(Conv1D(conv_size1, kernel_size=kernel_size, padding='same', input_
shape=(timesteps, input_dim)))
model.add(AveragePooling1D(pool_size=pool_size))
model.add(Conv1D(conv_size2, padding='same',kernel_size=kernel_size))
model.add(Activation('relu'))
model.add(Flatten())
model.add(Dense(n_classes, activation='softmax'))
model.compile(loss='categorical_crossentropy',
optimizer='rmsprop',metrics=['accuracy'])
model.fit(X_train,
          Y_train,
          batch_size=batch_size,
          validation_data=(X_test, Y_test),
          epochs=epochs)
```

训练过程的数据显示如下。

```
Train on 7352 samples, validate on 2947 samples
```

```
Epoch 1/30
7352/7352 [==============================] - 3s 436us/step - loss: 0.4260 - accuracy:
0.8301 - val_loss: 0.4478 - val_accuracy: 0.8510
...
Epoch 29/30
7352/7352 [==============================] - 3s 444us/step - loss: 0.0719 - accuracy:
0.9769 - val_loss: 1.5212 - val_accuracy: 0.8890
Epoch 30/30
7352/7352 [==============================] - 3s 439us/step - loss: 0.0656 - accuracy:
0.9769 - val_loss: 1.4042 - val_accuracy: 0.9053
```

最终显示，精确率为 **0.9053**。

- 步骤四：使用测试数据对模型进行评估，参考代码如下。

```
scores = model.evaluate(X_test,Y_test)
print(scores[1])
```

评估结果如下。

```
2947/2947 [==============================] - 0s 145us/step
0.9053274393081665
```

用测试数据进行模型评估，其预测精确率约为 0.9053。此外，我们还可以使用混淆矩阵来查看具体的结果，参考代码如下。

```
predicts = model.predict(X_test)
ACTIVITIES = {0: '走',1: '上楼',2: '下楼',3: '坐',4: '站',5: '躺'}
def confusion_matrix(Y_true, Y_pred):
    Y_true = pd.Series([ACTIVITIES[y] for y in np.argmax(Y_true, axis=1)])
    Y_pred = pd.Series([ACTIVITIES[y] for y in np.argmax(Y_pred, axis=1)])
    return pd.crosstab(Y_true, Y_pred, rownames=['True'], colnames=['Pred'])
print(confusion_matrix(Y_test,predicts))
```

具体评估结果如表 10.1 所示。

表 10.1　卷积神经网络模型评估结果

预测值 实际值	躺	坐	站	走	下楼	上楼
躺	510	0	24	0	0	3
坐	2	407	80	0	0	2
站	0	50	480	1	1	0
走	0	0	8	458	21	9
下楼	2	0	0	10	384	24
上楼	3	1	2	71	4	444

使用 Keras 包训练得到的模型，可以直接导出并应用于 App 中。

10.3　使用循环神经网络识别行为

动一动

使用循环神经网络（RNN）进行行为识别。

- 步骤一：设置参数，参考代码如下。

```
epochs = 30        # 训练次数
```

```
batch_size = 16  # 每个批次大小
n_hidden = 16    # 隐藏层单元个数
n_classes = 6    # 类别个数
timesteps = len(X_train[0])
input_dim = len(X_train[0][0])
```

- 步骤二：定义循环神经网络模型，参考代码如下。

```
from keras.models import Sequential
from keras.layers import LSTM
from keras.layers.core import Dense, Dropout
model = Sequential()
model.add(LSTM(n_hidden, input_shape=(timesteps, input_dim)))
model.add(Dense(n_classes, activation='softmax'))
model.compile(loss='categorical_crossentropy',
              optimizer='rmsprop',
              metrics=['accuracy'])
```

- 步骤三：模型训练，参考代码如下。

```
model.fit(X_train,
          Y_train,
          batch_size=batch_size,
          validation_data=(X_test, Y_test),
          epochs=epochs)
```

训练过程的数据显示如下。

```
Train on 7352 samples, validate on 2947 samples
Epoch 1/30
7352/7352 [==============================] - 15s 2ms/step - loss: 1.1432 - accuracy:
0.5248 - val_loss: 0.8790 - val_accuracy: 0.6132
...
Epoch 29/30
7352/7352 [==============================] - 16s 2ms/step - loss: 0.1173 - accuracy:
0.9543 - val_loss: 0.3716 - val_accuracy: 0.8992
Epoch 30/30
7352/7352 [==============================] - 16s 2ms/step - loss: 0.1236 - accuracy:
0.9543 - val_loss: 0.3852 - val_accuracy: 0.8989
```

- 步骤四：使用前面定义的模型，对测试数据进行模型评估，参考代码如下。

```
scores = model.evaluate(X_test,Y_test)
print(scores[1])
```

评估结果如下。

```
2947/2947 [==============================] - 1s 335us/step
0.8988802433013916
```

通过评估结果可以得知，模型的预测精确率约为 0.8989，与卷积神经网络相差不多。通过设计不同的结构，可以得到更好的结果。读者可尝试修改结构与参数，以得到更好的结果。

同样地，我们也可以使用混淆矩阵来查看具体情况，参考代码如下。

```
predicts = model.predict(X_test)
ACTIVITIES = {0: '走',1: '上楼',2: '下楼',3: '坐',4: '站',5: '躺'}
def confusion_matrix(Y_true, Y_pred):
    Y_true = pd.Series([ACTIVITIES[y] for y in np.argmax(Y_true, axis=1)])
    Y_pred = pd.Series([ACTIVITIES[y] for y in np.argmax(Y_pred, axis=1)])
    return pd.crosstab(Y_true, Y_pred, rownames=['True'], colnames=['Pred'])
```

```
print(confusion_matrix(Y_test,predicts))
```

具体评估结果如表 10.2 所示。

表 10.2　循环神经网络模型评估结果

实际值 ＼ 预测值	躺	坐	站	走	下楼	上楼
躺	510	0	0	0	0	27
坐	0	413	75	0	0	3
站	0	31	500	1	0	0
走	0	2	2	444	38	10
下楼	0	0	0	1	418	1
上楼	0	2	2	11	2	454

10.4　课堂实训：电影评论数据分析

【实训目的】

通过本次实训，要求学生了解第三方工具包的应用，同时了解深度学习方法中的循环神经网络在自然语言处理中的应用。

【实训环境】

PyCharm、Python 3.7、Pandas、NumPy、Matplotlib、sklearn、TensorFlow、Keras。

【实训内容】

使用循环神经网络并根据 IMDB 影评数据集进行情感分析。

根据 IMDB 影评数据集进行情感分析有很多的应用场景。比如，运营一个电商网站，卖家需要时刻关心用户对于商品的评论是否是正面的。再比如做一部电影的宣传和策划，电影在观众中的口碑也至关重要。

IMDB 是影评数据集，这些数据标识有情感标签（正面/负面）。数据包含 50 000 条电影评论，其中有 25 000 条训练数据及 25 000 条评估数据，有着相同数量的正面与负面评论。IMDB 中的数据已经被预处理为整数序列，每个整数代表一个特定标签。用 0 和 1 来确定标签的种类。其中 0 表示负面评论，1 表示正面评论。

对 IMDB 影评数据集中的电影评论进行分类，是一种二分类的问题，这是一种重要且广泛适用的机器学习问题。参考代码如下。

```python
import numpy as np
import pandas as pd
from keras.preprocessing import sequence
from keras.models import Sequential
from keras.layers import Dense, Dropout, Embedding, LSTM, Bidirectional
from keras.datasets import imdb
from sklearn.metrics import accuracy_score,classification_report

# Max features are limited
max_features = 15000 # 设置最大特征为15000
max_len = 300        # 单个句子最大长度为300
```

```
batch_size = 64  # 每个批次大小

# 加载数据
(x_train, y_train),(x_test, y_test)= imdb.load_data(num_words=max_features)
print(len(x_train), 'train observations')
print(len(x_test), 'test observations')
# 使得数据长度保持一致
x_train_2 = sequence.pad_sequences(x_train, maxlen=max_len)
x_test_2 = sequence.pad_sequences(x_test, maxlen=max_len)
print('x_train shape:', x_train_2.shape)
print('x_test shape:', x_test_2.shape)
y_train = np.array(y_train)
y_test = np.array(y_test)
# 构建模型
model = Sequential()
model.add(Embedding(max_features, 128, input_length=max_len))
model.add(LSTM(64))
model.add(Dense(1, activation='sigmoid'))
model.compile('adam', 'binary_crossentropy', metrics=['accuracy'])
# 训练模型
model.fit(x_train_2, y_train,batch_size=batch_size,epochs=4,validation_split=0.2)
# 模型预测
y_train_predclass = model.predict_classes(x_train_2,batch_size=100)
y_test_predclass = model.predict_classes(x_test_2,batch_size=100)
y_train_predclass.shape = y_train.shape
y_test_predclass.shape = y_test.shape
# 输出模型评估结果
print(("\nLSTM Bidirectional Sentiment Classification  - Test accuracy:"),
(round(accuracy_score(y_test,y_test_predclass),3)))
print("\nLSTM Bidirectional Sentiment Classification of Test data\n",classification_
report(y_test, y_test_predclass))
print("\nLSTM Bidirectional Sentiment Classification - Test Confusion Matrix\n\n",pd.
crosstab(y_test, y_test_predclass,rownames = ["Actuall"],colnames = ["Predicted"]))
```

训练过程的数据显示如下。

```
Train on 20000 samples, validate on 5000 samples
Epoch 1/10
20000/20000 [==============================] - 37s 2ms/step - loss: 0.5066 - accuracy:
0.7582 - val_loss: 0.3708 - val_accuracy: 0.8484
...
Epoch 9/10
20000/20000 [==============================] - 33s 2ms/step - loss: 0.0608 - accuracy:
0.9804 - val_loss: 0.4903 - val_accuracy: 0.8666
Epoch 10/10
20000/20000 [==============================] - 33s 2ms/step - loss: 0.0952 - accuracy:
0.9656 - val_loss: 0.4883 - val_accuracy: 0.8562
```

运行结果如下，其中测试集的预测精确率为 0.8422。

```
LSTM 情感分类精确率: 0.8422


LSTM 情感分类混淆矩阵
Predicted         0        1
```

```
Accuracy
  0           10937   1563
  1            2381   10119
```

根据以上运行结果，读者可选择更为合适的参数进行训练，以获得更好的结果。

10.5 练习题

1．判断题：机器翻译是利用计算机将一种自然语言（源语言）转换为另一种自然语言（目标语言）的过程（　　）。

2．判断题：卷积神经网络是利用计算机将一种自然语言（源语言）转换为另一种自然语言（目标语言）的过程（　　）。

3．判断题：文本分类是利用计算机对文本集按照一定的标准进行自动分类并标记的（　　）。

4．判断题：1997 年，Hochreiter 和 Schmidhuber 提出长短期记忆网络模型（　　）。

5．神经网络中的过拟合具体代表什么？

6．目前流行的深度学习框架有哪些？

7．什么是循环神经网络（RNN）？什么是双向循环神经网络？

8．举例说明卷积神经网络在图像、视频识别中的应用。

9．查阅：卷积神经网络有哪些种类。

10．想一想卷积神经网络、循环神经网络是否可以应用在手写数字识别中？

【参考答案】

1．对。

2．错。循环神经网络是利用计算机将一种自然语言（源语言）转换为另一种自然语言（目标语言）的过程。

3．对。

4．对。

5．从表现上讲，过拟合是指神经网络模型在训练集上的表现很好，但是泛化能力比较差，在测试集上的表现并不好。

6．目前流行的深度学习框架有 Caffe、Keras、TensorFlow、Pytorch 等。

7．循环神经网络是一类以序列数据为输入，在序列的演进方向进行递归且所有节点（循环单元）按链式连接的递归神经网络（Recursive Neural Network）。双向循环神经网络是循环神经网络的一种变体，由一个正序和一个逆序的循环神经网络结合而成，通过两个方向进行数据的处理。

8．卷积神经网络可以应用在图像语义分割、视频目标检测、图像识别等方面。

9．卷积神经网络的种类有 VGG、ResNet、AlexNet、GoogLeNet 和 Inception 等。

10．略。

TensorFlow 与神经网络

学习目标

- 了解第三方工具包 TensorFlow 的使用方法。
- 了解神经网络、深度学习及其应用。
- 了解 TensorFlow 包在计算机视觉中的应用。
- 掌握 TensorFlow 包在人脸识别、人脸检测方面的应用。
- 掌握 TensorFlow 包在数字识别中的应用。

11.1 背景知识

目前，机器学习在各行各业应用广泛，特别是计算机视觉、语音识别、语言翻译和健康医疗等领域，出现了很多应用于机器学习的第三方包。其中，Google 的 TensorFlow（见图 11.1）引擎提供了一种解决机器学习问题的高效方法。TensorFlow 是一个采用数据流图（Data Flow Graph），用于数值计算的开源软件包。TensorFlow 包具有灵活的架构，可以在多种平台上展开计算，例如，台式计算机中的一个或多个 CPU（或 GPU）、服务器、移动设备等。TensorFlow 包最初由 Google 大脑小组（隶属于 Google 机器智能研究机构）的研究员和工程师开发出来用于机器学习和深度神经网络方面的研究。鉴于这个系统的通用性，它也可广泛应用于其他计算领域。

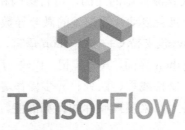

图 11.1　TensorFlow 项目 Logo

TensorFlow 是一个通过计算图的形式来表述计算的编程系统，计算图也叫数据流图，可以把计算图看作一种有向图，即用"节点"（Node）和"线"的有向图来描述数学计算。节点在图中表示数学操作，还可以表示数据输入的起点和输出的终点。图中的线则表示节点间相互联系的多维数据数组，即张量（Tensor），其描述了计算之间的依赖关系。张量从图中流过的直观影像是这个工具取名为 TensorFlow 的原因。当输入端的所有张量准备好后，节点即可被分配到各种计算设备完成异步、并行计算。

TensorFlow 包的基础架构如图 11.2 所示。

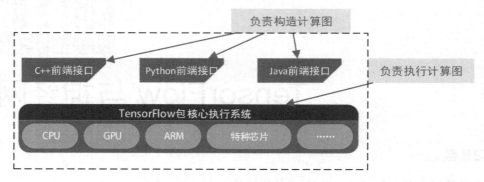

图 11.2　TensorFlow 包的基础架构

TensorFlow 包具有如下特征。

（1）高度的灵活性：TensorFlow 不是一个严格的神经网络包。只要一个计算可以表示为一个数据流图，就可以使用 TensorFlow 包来构建图，并描写驱动计算的内部循环。TensorFlow 包提供了有用的工具来帮助组装"子图"（常用于神经网络），当然用户也可以在 TensorFlow 包基础上写自己的"上层包"。如果想改进底层数据操作，用户也可以自己动手编写 C++代码丰富底层的操作。

（2）真正的可移植性：TensorFlow 包既可以在 CPU 和 GPU 上运行，也可以在台式机、服务器、手机移动设备上运行。

（3）将科研和产品联系在一起：过去如果要将科研中的机器学习方法应用到产品中，需要进行大量的代码重写工作。现在科学家可以用 TensorFlow 包尝试新的算法，产品团队则用 TensorFlow 包来训练和使用计算模型，并直接将模型提供给在线用户。使用 TensorFlow 包可以让应用型研究者将想法迅速运用到产品中，也可以让学术型研究者彼此更直接地分享代码，从而提高科研产出率。

（4）自动求微分：基于梯度的机器学习方法得益于 TensorFlow 包自动求微分的功能。作为 TensorFlow 包用户，通过定义预测模型的结构，可将结构和目标函数（Objective Function）结合，并添加数据。TensorFlow 包会自动计算相关的微分导数。

（5）多语言支持：TensorFlow 包支持 C++和 Python 语言，使用者可以直接编写 Python 或 C++程序，也可以用交互式的 iPython 界面，其将笔记、代码、可视化等有条理地进行了归置。

（6）性能最优：TensorFlow 支持线程、队列、异步操作等，通过自由地将 TensorFlow 包图中的计算元素分配到不同设备上，来发挥硬件的计算潜能。同时，TensorFlow 包可以管理这些不同的计算元素。

TensorFlow 包还可以被进一步扩展，相关研究者都可以直接贡献源码，或者提供反馈，来建立一个活跃的开源社区，从而推动代码库的未来发展。

机器学习是未来新产品和新技术的一个关键部分，这一领域的研究是全球性的，并且发展很快，却缺少一个标准化的工具，Google 就是通过创造一个开放的标准来促进研究想法的交流并将机器学习方法产品化的。在本项目中，我们将使用 Google 的 TensorFlow 包来完成神经网络的初步使用。而要进一步地深入学习与拓展，完成深度学习的开发、应用研究则需要读者在应用实战中不断加强练习。

11.2　设计单层神经网络预测花瓣宽度

在项目 6 中我们提到了神经网络，神经网络在图像和语音识别、识别手写字、理解文本、图像分割、对话系统、自动驾驶等领域不断打破纪录。

神经网络是一种简单易实现且重要的机器学习方法。在项目 6 中我们直接调用 scikit-learn 包中的一种神经网络实现了鸢尾花的分类。本节将通过 TensorFlow 包实现自定义的神经网络，并在鸢尾花（iris）数据集上进行模型训练。神经网络对所选择的参数是敏感的。在应用中，读者可通过调整参数来了解不同的学习率、损失函数和优化对模型训练结果的影响。

动一动

设计一个具有单层隐藏层的神经网络，如图 11.3 所示，使用鸢尾花（iris）数据集，实现输入 3 个值，即花萼长度、花萼宽度和花瓣长度来预测输出值（花瓣宽度）的目标。

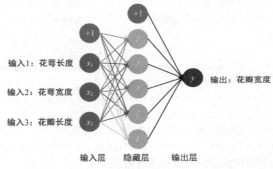

图 11.3　具有单层隐藏层的神经网络

- 步骤一：环境准备，安装 TensorFlow 包。

自 TensorFlow 1.2 起，TensorFlow 包的 Windows 版本只支持 Python 3.5 以上的版本。

- 步骤二：准备数据集、设计模型，并用代码实现单层隐藏层的神经网络。参考代码如下。

```python
#coding:utf-8
import numpy as np
import pandas as pd
import matplotlib.pyplot as plt
import tensorflow as tf
from sklearn.model_selection import train_test_split
from sklearn import preprocessing

plt.rcParams['font.sans-serif'] = ['SimHei']
plt.rcParams['axes.unicode_minus'] = False
# 数据读取
df= pd.read_csv('iris.csv', delimiter=',')
# 对类别进行数值化处理
le = preprocessing.LabelEncoder()
df['Cluster'] = le.fit_transform(df['Species'])
# 3 个输入值
x = df[['SepalLengthCm','SepalWidthCm','PetalLengthCm']]
# 1 个输出值
```

```
y = df[['PetalWidthCm']]
# 设置种子使得结果可复现
sess = tf.Session()
# 如何设置随机种子，需要我们考虑
seed = 2
tf.set_random_seed(seed)
np.random.seed(seed)
# 创建训练集与测试集
x_train, x_test,y_train, y_test = train_test_split(x, y, train_size = 0.8, test_size
= 0.2)
# 添加 3 个占位符，用作输入（即花萼长度、花萼宽度和花瓣长度）
x_data = tf.placeholder(shape=[None, 3], dtype=tf.float32)
# 添加 1 个占位符，用作输出（即花瓣宽度）
y_target = tf.placeholder(shape=[None, 1], dtype=tf.float32)
# 单层隐藏层：5 个节点（这里我们设计了 5 个节点）
hidden_layer_nodes = 5
weights = tf.Variable(tf.random_normal(shape=[3, hidden_layer_nodes]))
biase = tf.Variable(tf.random_normal(shape=[hidden_layer_nodes]))
# 隐藏层输出，即输出层的输入
# 激励函数
hidden_output = tf.nn.relu(tf.add(tf.matmul(x_data,weights),biase))
# 输出层
weights = tf.Variable(tf.random_normal(shape=[hidden_layer_nodes, 1]))
biase = tf.Variable(tf.random_normal(shape=[1]))
# 激励函数使用的是 ReLU，它可快速收敛，但容易出现极值
final_output = tf.nn.relu(tf.add(tf.matmul(hidden_output, weights),biase))
# 定义损失函数，采用模型输出和预期值差值的 L1 范数平均
loss = tf.reduce_mean(tf.abs(y_target - final_output))
# 标准梯度下降优化算法，使用梯度下降优化器来基于损失值的导数更新权重
# 优化器采用一个学习率来调整每一步更新的大小，注意学习率的调参
my_opt = tf.train.GradientDescentOptimizer(learning_rate=0.001)
# 最小化损失函数
train_step = my_opt.minimize(loss)
# 初始化
init = tf.global_variables_initializer()
# 训练自定义的神经网络
sess.run(init)
loss_vec = []     # 训练损失
test_loss = []    # 测试损失
# 遍历迭代训练模型
for i in range(2000):
    # 训练
    sess.run(train_step, feed_dict={x_data:x_train, y_target:y_train})
    # 训练数据评估模型
    temp_loss = sess.run(loss, feed_dict = {x_data:x_train, y_target:y_train})
    loss_vec.append(np.sqrt(temp_loss))
    # 测试数据评估模型
    test_temp_loss = sess.run(loss, feed_dict = {x_data:x_test, y_target:y_test})
    test_loss.append(np.sqrt(test_temp_loss))
    # 输出损失
    if(i+1)%500 == 0:
```

```
        print('迭代次数：' + str(i+1)+ '。损失：' + str(temp_loss))
# 输出预测精确率
y_pred = sess.run(final_output,feed_dict={x_data:x_test})
print("花瓣宽度预期差值（百分比）：{}%".format(np.mean(abs(y_test-y_pred)*100/y_test)))

plt.plot(loss_vec, 'k-', label ='训练损失')
plt.plot(test_loss, 'r--', label ='测试损失')
plt.title('损失')
plt.xlabel('迭代次数')
plt.ylabel('损失')
plt.legend(loc='upper right')
plt.show()
```

　　神经网络中一个重要的技术是"反向传播"。反向传播是基于学习率和损失函数返回值来更新模型变量的过程。神经网络的另一个重要的特性是可使用非线性激励函数解决大部分非线性问题。因为大部分神经网络仅仅是加法操作和乘法操作的结合，所以它们不能进行非线性数据样本集的模型训练。为了解决该问题，在神经网络中我们会使用非线性激励函数。

　　一般地，神经网络常用的非线性激励函数有两类：第一类是形状类似 sigmoid 的激励函数，包括反正切激励函数、双曲正切函数、阶跃激励函数等；第二类是形状类似 ReLU 的激励函数，包括 softplus 激励函数、leak ReLU 激励函数等。其中，sigmoid 激励函数具有良好的梯度控制；而 ReLU 激励函数可快速收敛，容易出现极值。用户需要根据实际应用情况确定使用哪类激励函数。

* 步骤三：参数优化与模型调整。

　　根据显示的结果调整参数，包括使用的节点数、学习率、损失函数、激励函数、迭代次数等。

* 步骤四：运行结果。部分迭代输出结果及预期差值如图 11.4 所示。

```
迭代次数：50。损失：1.0477574
迭代次数：100。损失：0.77502954
迭代次数：150。损失：0.5409347
...
迭代次数：2000。损失：0.15921749
花瓣宽度预期差值（百分比）：PetalWidthCm        31.36
```

图 11.4　部分迭代输出结果及预期差值

　　如图 11.5 所示，在不断迭代过程中，"反向传播"的特性使得损失函数在不断降低。为了优化模型，用户需要根据结果修改相应参数，以获得更好的模型。

* 步骤五：模型应用。

　　在有新的数据产生时，就可以使用训练得到的模型对数据进行预测应用。

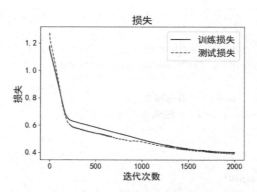

图 11.5　神经网络运算过程中的损失变化

11.3　设计多层神经网络实现鸢尾花分类

动一动

在了解了如何实现单层神经网络后，现在设计一个具有三层隐藏层的神经网络，并根据鸢尾花的四个特征值来实现鸢尾花的分类。参考代码如下。

```python
#coding:utf-8
import numpy as np
import pandas as pd
import matplotlib.pyplot as plt
import tensorflow as tf
from sklearn.model_selection import train_test_split
from sklearn import preprocessing

plt.rcParams['font.sans-serif'] = ['SimHei']
plt.rcParams['axes.unicode_minus'] = False

df= pd.read_csv('iris.csv', delimiter=',')
# 对类别进行数值化处理
le = preprocessing.LabelEncoder()
df['Cluster'] = le.fit_transform(df['Species'])
x = df[['SepalLengthCm','SepalWidthCm','PetalLengthCm','PetalWidthCm']]
y = df[['Cluster']]
sess = tf.Session()
seed = 2
tf.set_random_seed(seed)
np.random.seed(seed)
# 创建训练集与测试集
x_train, x_test,y_train, y_test=train_test_split(x, y, train_size=0.8, test_size=0.2)
# 添加占位符，四个输入
x_data = tf.placeholder(shape=[None, 4], dtype=tf.float32)
# 添加占位符，一个输出
y_target = tf.placeholder(shape=[None, 1], dtype=tf.float32)
# 定义如何添加一个隐藏层的函数
def add_layer(input_layer, input_num, output_num):
    weights = tf.Variable(tf.random_normal(shape=[input_num, output_num]))
```

```
    biase = tf.Variable(tf.random_normal(shape=[output_num]))
    hidden_output = tf.nn.relu(tf.add(tf.matmul(input_layer, weights), biase))
    return hidden_output
# 定义三层隐藏层对应的节点个数
hidden_layer_nodes = [10,8,10]
hidden_output = add_layer(x_data, 4, hidden_layer_nodes[0])
# 循环添加三层隐藏层
for i in range(len(hidden_layer_nodes[:-1])):
    hidden_output = add_layer(hidden_output, hidden_layer_nodes[i],hidden_
layer_nodes[i + 1])
final_output = add_layer(hidden_output,hidden_layer_nodes[-1],1)
# 定义损失函数，使得误差最小
loss = tf.reduce_mean(tf.square(y_target - final_output))
# 设置学习率来调整每一步更新的大小
my_opt = tf.train.GradientDescentOptimizer(learning_rate=0.00004)
# 优化目标：最小化损失函数
train_step = my_opt.minimize(loss)
init = tf.global_variables_initializer()
sess.run(init)
loss_vec = []     # 训练损失
test_loss = []    # 测试损失
# 训练次数
for i in range(10000):
    # 训练
    sess.run(train_step, feed_dict={x_data:x_train, y_target:y_train})
    # 训练数据评估模型
    temp_loss = sess.run(loss, feed_dict = {x_data:x_train, y_target:y_train})
    loss_vec.append(np.sqrt(temp_loss))
    # 测试数据评估模型
    test_temp_loss = sess.run(loss, feed_dict = {x_data:x_test, y_target:y_test})
    test_loss.append(np.sqrt(test_temp_loss))
    if(i+1)%1000 == 0:
        print('Generation:' + str(i+1)+ '.Loss = ' + str(temp_loss))

test_preds = [np.round(item,0)for item in
sess.run(final_output,feed_dict={x_data:x_test})]
train_preds = [np.round(item,0)for item in
sess.run(final_output,feed_dict={x_data:x_train})]
y_test = [i for i in y_test['Cluster']]
y_train = [i for i in y_train['Cluster']]

test_acc = np.mean([i==j for i, j in zip(test_preds, y_test)])* 100
train_acc = np.mean([i==j for i, j in zip(train_preds, y_train)])* 100
print('训练数据预测精确率：{}'.format(train_acc))
print('测试数据预测精确率：{}'.format(test_acc))

plt.plot(loss_vec, 'k-', label ='训练损失')
plt.plot(test_loss, 'r--', label ='测试损失')
plt.title('损失')
plt.xlabel('迭代次数')
plt.ylabel('损失')
```

```
plt.legend(loc='upper right')
plt.show()
```

运行上述代码，部分迭代输出结果及预测精确率如图 11.6 所示。

Generation:1000.Loss = 0.67272913
Generation:2000.Loss = 0.5789019
Generation:3000.Loss = 0.49494064
...
Generation:10000.Loss = 0.06997205
训练数据预测精确率：91.66666666666666
测试数据预测精确率：100.0

图 11.6　部分迭代输出结果及预测精确率

图 11.7 所示为不断迭代过程中损失函数的变化情况。为了优化模型，用户需要根据结果修改相应的参数。

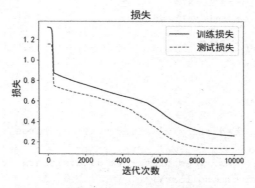

图 11.7　神经网络运算过程中的损失变化

在模型训练过程中，用户可修改以下参数来调整、优化模型。

（1）神经网络的层数。

（2）损失函数、激励函数。

（3）学习率。

（4）迭代次数。

神经网络通常由随机梯度下降算法进行训练。随机梯度下降算法有许多变形，如 Adam、RMSProp、Adagrad 等，这些算法都需要设置学习率。学习率决定了在一个小批量（Mini-batch）运算过程中权重在梯度方向的移动距离。

如果学习率很低，则训练会变得更加可靠，但是优化会耗费较长的时间，因为朝向损失函数最小值的每个步长很小。如果学习率很高，训练可能根本不会收敛，甚至会发散。权重的改变量可能非常大，使得优化越过最小值，以至于损失函数变得更糟。学习率的调整示例如图 11.8 所示。

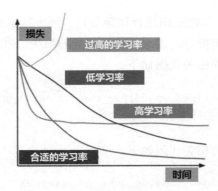

图 11.8 学习率的调整示例

训练应当从相对较大的学习率开始，这是因为在开始时，初始的随机权重远离最优值。在训练过程中，学习率应当下降，以允许进行细粒度的权重更新。有很多方式可以为学习率设置初始值，一个简单的方式就是尝试使用不同的初始值，判断哪些值可以使得损失函数最优，且不损失训练速度。可从 0.1 开始，再按数量级降低学习率，比如 0.01、0.001 等。从一个很大的学习率开始训练时，在起初的几次迭代训练过程中损失函数可能不会得到改善，甚至会增大。当我们以一个较小的学习率进行训练时，损失函数的值会在最初的几次迭代中从某一时刻开始下降，这个学习率就是我们能用的最大值，任何更大的值都不能让训练收敛。不过，这个初始学习率也可能过大了，使得它不足以训练多个时期。随着时间的推移，算法需要进行更细粒度的权重更新。因此，开始训练的合理学习率可能需要降低 1～2 个数量级。

读者可基于上述模型和结果，修改以上神经网络的结构，试找到较优的参数使得精确率达到 0.95 以上，loss 的值为 0.1 以下。

11.4 课堂实训：卷积神经网络的实现与应用

【实训目的】

通过本次实训，要求学生了解深度学习方法在计算机视觉中的应用，特别是在人脸检测、人脸识别方面的应用；并掌握 TensorFlow 包的基本实现与相关应用。

【实训环境】

PyCharm、Python 3.7、TensorFlow 1.14.0 或 TensorFlow-gpu（gpu 版本）及其他依赖包。

【实训内容】

（1）设计、编码实现神经网络，对项目 9 中的 MNIST 数据集进行训练和测试。

要求使用 TensorFlow 包，并且测试精确率要达到 95%以上。

（2）设计、编码实现卷积神经网络（CNN），并在 MNIST 数据集上对其进行应用。

在卷积神经网络中，卷积层的神经元只与前一层的部分神经元节点相连，即它的神经元之间的连接是非全连接的，且同一层中某些神经元之间的连接的权重和偏移是共享的（即相同的），这可大大减少需要训练的参数的数量。

卷积神经网络（CNN）的结构一般包含①输入层，用于数据的输入；②卷积层，使用卷积核进行特征提取和特征映射；③激励层，由于卷积也是一种线性运算，因此需要增加非线性映射；④池化层，进行采样，对特征图进行稀疏处理，减少数据运算量；⑤全连接层，通常在卷积神经网络的尾部进行重新拟合，以减少特征信息的损失；⑥输出层，用于输出结果。

TensorFlow 包中卷积层的相关代码如下。

```
tf.nn.conv2d(
        input, filter, strides, padding, use_cudnn_on_gpu=None,
        data_format=None, name=None
        )
```

TensorFlow 包中池化层的相关代码如下。

```
tf.nn.max_pool(
        value, ksize,strides,padding,data_format='NHWC',name=None
        )
```

或者：

```
tf.nn.avg_pool(
        ...
        )
```

具体如何实现卷积神经网络，读者可以根据需要进行深入学习，并展开应用。

（3）使用 TensorFlow 包实现目标检测算法 SSD，并应用于多目标检测。

常见的目标检测算法，如 Faster R-CNN，具有速度慢的缺点。SSD 算法不仅可以提高测试速度，而且可以提高预测精确率。SSD 算法的核心是在特征图上采用卷积核来进行预测。此外，为了提高预测精确率，SSD 算法会在不同尺度的特征图上进行预测。目前，在 github.com 上有许多开源的实现 SSD 算法的源码，读者可以登录 https://github.com/balancap/ SSD-Tensorflow 参考 SSD 算法的示例，来实现目标检测算法 SSD 并应用于多目标检测，本书不再详细介绍。

11.5 练习题

1．神经网络由许多神经元组成，每个神经元接收一个输入，然后处理这个输入并给出一个输出。下列关于神经元的陈述正确的是（   ）。

    A．一个神经元只有一个输入和一个输出

    B．一个神经元有多个输入和一个输出

    C．一个神经元有一个输入和多个输出

    D．一个神经元有多个输入和多个输出

2．前馈式神经网络与反馈式神经网络有什么不同？

3．（   ）在神经网络中引入了非线性。

    A．随机梯度下降   B．修正线性单元 ReLU

    C．卷积函数   D．以上都不正确

4．在（   ）情况下，神经网络模型被称为深度学习模型。

    A．加入更多层，使神经网络的深度增加

    B．有维度更高的数据

    C．当目标应用是一个图形识别的问题时

    D．以上都不正确

5．以下关于人工神经网络（ANN）的描述错误的是（　　）。

　　A．人工神经网络对训练数据中的噪声非常鲁棒

　　B．可以处理冗余特征

　　C．训练人工神经网络是一个很耗时的过程

　　D．至少含有一层隐藏层的多层神经网络

6．在训练神经网络的过程中，如图 11.9 所示，损失函数在一些时期不再减小，可能的原因是（　　）。

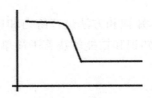

图 11.9　损失函数随迭代次数的变化情况

　　A．学习率太低　　　　　　　　　　　B．正则参数太大

　　C．陷入局部最小值　　　　　　　　　D．以上都有可能

7．卷积神经网络（CNN）在计算机视觉中被广泛应用的主要原因是什么？

【参考答案】

1．B。

2．前馈式神经网络取连续或离散变量，一般不考虑输出与输入之间在时间上的滞后效应，只表达输出与输入的映射关系；反馈式神经网络取连续或离散变量，考虑输出与输入之间在时间上的延迟，需要用动态方程来描述系统的模型。

3．B。修正线性单元 ReLU 是非线性激励函数。

4．A。更多层意味着网络更深。目前，没有严格定义多少层的模型才叫深度模型，如果有超过两层的隐藏层，则可以叫作深度模型。

5．A。

6．D。

7．卷积神经网络（CNN）在计算机视觉中被广泛应用的主要原因是①卷积神经网络采用局部连接和权值共享，可以减少参数量；②卷积神经网络采用池化操作，可以增大感受野；③卷积神经网络采用多层次结构，可以提取 low-level 及 high-level 的信息。

项目综合实训

通过综合实训，对学过的基本知识和方法进行练习和巩固，使学生具备初步独立完成内容设计的能力，提高综合运用所学知识和技能解决若干简单问题的能力，为今后从事相关工作打下坚实的基础。

学习目标

- 进一步掌握使用网络爬虫软件对数据进行采集的方法。
- 掌握数据预处理的方法。
- 掌握数据统计与分析的流程。
- 进一步掌握数据可视化的实现过程。
- 学会机器学习方法在现实生活中的应用。
- 熟悉不同机器学习方法的适用场景。
- 学会不同机器学习方法的参数调整过程。
- 熟练掌握机器学习方法的 Python 实现。

综合实训要求

（1）撰写爬虫，爬取任意主题的网络实时数据（可以是电影、房产、购物、股票、天气或空气质量、评论信息等）。尝试爬取相关图像数据，用于进行更多的信息提取与分析。

（2）运行爬虫获取的有效数据样本 500 条以上及可分析的数据项 8 列以上。

（3）对获取的数据项进行处理，包括缺失值处理、唯一性校验、有效性检验等。

（4）计算中间结果，统计各类重要信息，并可视化统计结果。

（5）使用机器学习方法对数据进行分析与预测，比如房价的影响因素分析需要从不同方面、不同维度展开，也可以从时间维度预测房价的走势。

（6）完成数据与数据决策的应用，比如可以使用聚类方法找出异常房价或符合条件的低价房源通告。

（7）撰写数据分析与总结报告，要求内容完整、翔实，要有主线，重点突出，图文并重。

实训方式

团队作业，分组完成，汇报成果。

实训学时分配

综合实训学时分配如表 12.1 所示。

表 12.1 综合实训学时分配

序　号	内　容	学　时
实训一	数据采集：指定 URL 管理器，完成爬虫	4
实训二	数据预处理：对采集的数据进行预处理	2
实训三	数据统计与分析：分析不同主题，完成可视化	3
实训四	数据分析与预测：分析数据之间的逻辑关系，建立模型，完成预测	3
实训五	综合应用：设计综合应用案例，完成实际应用模型	3

一般地，从市场上可获取的有价值的电影数据主要包括电影名称、电影放映日期、导演、电影类型、电影评分及票房等。下面以"电影数据"的获取、处理与分析为例，讲解所学内容的综合应用过程。

12.1 确定数据采集目标

网络中的数据各式各样，与电影有关的网站都会更新每日上映的电影和票房数据。从网络中，我们可以获取很多的信息，为方便分析，我们设定从网络中获取如表 12.2 所示的数据项，包括电影名称、导演等 11 项信息。

表 12.2 计划采集的数据项

序　号	字 段 名 称	字段表示的物理意义
1	name	电影名称
2	date	时间
3	fc	废场
4	zcc	总场次
5	rc	人次
6	szl	上座率
7	pj	票价
8	pf	票房
9	dq	地区
10	dy	导演
11	dbpf	评分

想要获得网络上的信息还要确定采集数据的来源，即 URL。通过查找，计划从如表 12.3 所示的网址中获取我们想要的数据。

表 12.3　计划采集数据的 URL 列表

序　　号	URL	截取的内容
1	http://***.com/daily/wangpiao?page=0- http://***.com/daily/wangpiao?page=10	票房排行榜前 500 名
2	https://www.***.com/search?source=suggest&q=%E6%88%98%E7%8B%BC2	评分
3	http://***.com/film/5331	地区和导演

12.2　数据采集与预处理

根据需要，按照以下步骤实现爬虫，获取想要的数据。

（1）爬虫编写与页面解析。

核心代码如下。

```
# 指定 URL
url = "http://***.com/daily/wangpiao?page=" + str(i)
# 设定头部信息
headers = {
    'User-Agent': 'Mozilla/5.0(Windows NT 10.0; WOW64)AppleWebKit/537.36(KHTML, like
Gecko)Chrome/64.0.3282.140 Safari/537.36'}
# 读取数据
data = requests.get(url, headers=headers)
data.encoding = 'utf-8'
# 使用 BeautifulSoup 包解析网页
soup = BeautifulSoup(data.text, "html.parser")
# 通过解析得到电影名
name = soup.select("#content > div.table-responsive > table > tbody > tr > td:nth-child(2)>
a")
```

采集的数据如表 12.4 所示。其中，第 1 条表示的是电影《战狼 2》在 2017 年 8 月 5 日的票房及其他信息。

表 12.4　采集的数据

序号	电影名称	时间	票房/万元	废场	总场次	人次	上座率/%	票价/元
1	《战狼 2》	2017-08-05	32 503.6	9964	93 078	871.41	68.18	37.3
2	《变形金刚 5：最后的骑士》	2017-06-23	30 303.86	6713	113 498	797.47	85.53	38
3	《西游伏妖篇》	2017-01-28	24 383.84	6638	53 486	586.15	78.99	41.6
4	《速度与激情 7》	2015-04-12	17 721.712	1628	30 303	375.46	76.01	47.2

（2）跨页信息搜索。

由于一条数据记录的信息来源于多个页面，所以需要从其他页面中搜索对应的评分等数据。示例代码如下。

```
for name, date, zcc, fc, rc, szl, pj, pfurl in zip(name, date, zcc, fc, rc, szl, pj,
pfurl):
    name1 = name.get_text().encode("utf-8")
    dburl1 = "https://www.***.com/search?cat=1002&q="
    dburl2 = urllib.quote(name1)
    dburl = dburl1 + dburl2
```

```
dbres = requests.get(dburl, headers=headers).text
# 获得评分
dbpf = re.findall("<span class=\"rating_nums\">(.*?)</span>", dbres)

url1 = "http://***.com"
a = re.findall("(.*?)/boxoffice", pfurl.a['href'])
purl1 = url1 + str(a[0])
res = requests.get(purl1, headers=headers)
text = res.content.decode("utf-8")
# 找到国家
dq = re.findall(u"制作国家.*?\">(.*?)</a>", text)
# 找到导演
dy = re.findall(u"导演：.*?\">(.*?)</a>", text)
```

采集的导演和评分等数据如表 12.5 所示。

表 12.5 采集的导演和评分等数据

序　号	电 影 名 称	评　分	国　家	导　演
1	《战狼 2》	7.1	中国	吴京
2	《变形金刚 5：最后的骑士》	4.9	美国	迈克尔·贝
3	《西游伏妖篇》	5.5	中国	徐克
4	《速度与激情 7》	8.3	美国	温子仁

（3）数据存储。

将以上采集的数据存储在本地文件中，代码如下。

```
# 数据存储
header = ['name', 'date', 'pf', 'zcc', 'rc', 'szl', "pj", "fc", "dbpf", "dq", "dy"]
fp = open('result6.csv', 'w+')
f_csv = csv.DictWriter(fp, header)
f_csv.writeheader()
f_csv.writerows(list)
```

12.3 数据统计与分析

12.3.1 票房分析

（1）统计票房排行榜前 10 名的电影。

数据统计与可视化的主要代码如下。

```
# 电影票房排序
film = film.sort_values(by='pf',axis=0,ascending=False)
film = film[0:10]
plt.bar(film['name'],film['pf'],color= 'yellow' ,width=0.4)
plt.title(u'票房排行榜前 10 名',size=20)
plt.xlabel(u'电影名称',size=16)
# 倾斜显示电影名称
plt.xticks(rotation=60)
plt.ylabel(u'票房/万元',size=16)
for x,y in zip(film['name'],film['pf']):
    # 显示票房
```

```
plt.text(x,y + 800,'%.0f' % y,ha='center',va='bottom',size=12)
plt.show()
```

运行以上代码，结果如图 12.1 所示，其中，票房排行榜第 1 名是《战狼 2》。

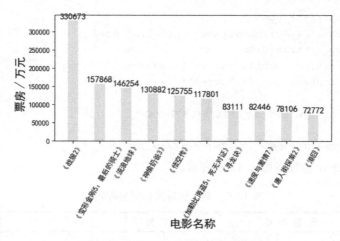

图 12.1　票房排行榜前 10 名的电影

（2）对电影《战狼 2》的票房变化进行分析。

关注一个电影的动态变化，即可查看其趋势。图 12.2 中按照日期等间隔的形式，显示了电影《战狼 2》的票房变化情况。为显示美观，我们对单位进行了处理。代码部分读者可参考电子资源，书中不再给出。

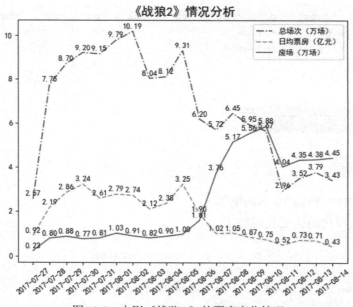

图 12.2　电影《战狼 2》的票房变化情况

（3）票房与总场次、上座率的关系。

图 12.3 中的气泡图显示了日均票房与总场次和上座率的关系，其中气泡的大小表示票房的高低。显然票房与总场次和上座率之间有着较强的关系，更多的场次、更高的上座率意味着更高的票房。

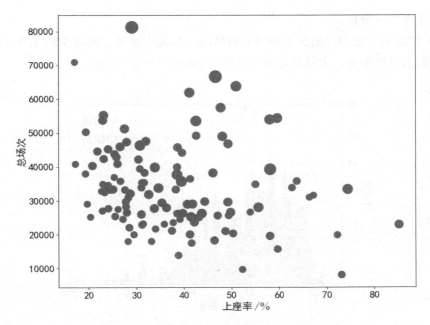

图 12.3　日均票房与总场次和上座率的关系

主要参考代码如下。

```
film = film.groupby(['name'], as_index=False)['szl','zcc','pf'].mean()
fig,ax = plt.subplots(figsize=(9,7))
bubble = ax.scatter(film['szl'], film['zcc'], s=film['pf'] / 50, linewidth=2)
```

12.3.2　上座率分析

上座率即上座人数与总座位数的比例。从某种意义上来说，优秀的影片上座率就高，反之则低，因而上座率又是衡量一部影片质量优劣的重要标准之一。上座率还直接影响票房，上座率高票房自然高，所以一部影片的票房高低往往用上座率多少来衡量。因此，通过各种有效的办法来提高上座率，是提高票房最常用的办法。

（1）上座率占比分析。

图 12.4 所示为电影上座率占比分析。外圈的数字表示上座率的范围，比如 0～20，表示上座率为 0～20%。饼图中间的比率值表示占比，其中，55.5%表示上座率在 21%～40%的电影最多，占到了 55.5%。要得出图中的结果，需要对数据进行前期统计。

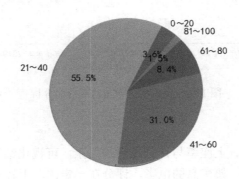

图 12.4　电影上座率占比分析

（2）上座率统计分析。

图 12.5 则显示了更为详细的上座率分布情况，呈现中间多，两边少的现象。这说明了，上座率特别高的电影很少，大部分是居于 25%～60%。

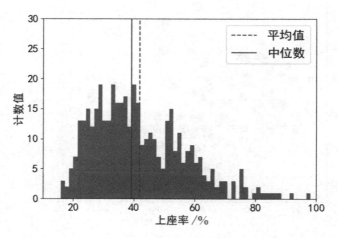

图 12.5　电影上座率分布情况

12.3.3　票价分布情况分析

电影票价是指电影放映单位出售电影门票的价格。电影票价全国不统一，由各地主管部门自行制定。票价在一定程度上影响了电影的票房。图 12.6 显示了 2017 年上半年到 2019 年上半年电影票价总体情况的对比和每半年内票价的分布情况。可以看出，2017 年下半年的异常票价比较多，2019 年上半年的平均票价比较高。

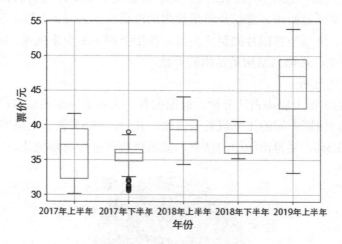

图 12.6　票价的分布与对比情况分析

12.3.4　评分数据分析

使用三维图形分析票房、上座率与评分之间的关系，可视化结果如图 12.7 所示。三者之间的关系并不强，相对来说，票房高的电影，评分在一定比率上较高。

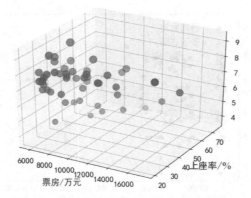

图 12.7   票房、上座率与评分之间的关系

12.4   数据分析与预测

12.4.1   总场次与票房之间的关系分析

总场次与票房之间存在一定的关系，用回归的方法对两者的相关性进行分析，结果如图 12.8 所示，其中，包括两种回归分析的方法：一种是线性回归，分析结果为直线；另一种是多项式回归。当然一种因素不可能完全决定票房，它还可能与其他因素相关，例如，导演、影片类型、演员等。在分析时，读者可以获取更多数据，采用多元线性回归分析方法，让结果更加准确。

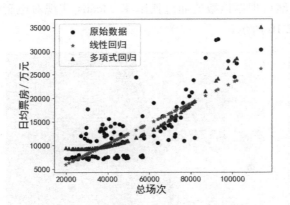

图 12.8   票房与总场次之间的关系分析

有了训练产生的模型，我们就可以根据该模型给定总场次值来预测可能的票房。

12.4.2   评分相关因素分析与预测

观众对电影的喜好程度可能体现在多种因素上，如电影票房、总场次、废场等。本节使用多项式回归对评分进行简单预测，结果如图 12.9 所示，其中只显示了票房的因素，实质上在分析时，使用的是多元信息，包括票价、票房、总场次、废场等。相比之下，预测值与原始值比较接近。在实践中，读者可以对结果进行评估，判定出偏差是多少。

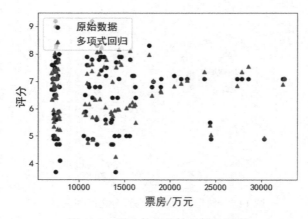

图 12.9　评分的相关性分析与预测

12.5　数据分类应用

一个工程上的实际应用，往往不是一种机器学习方法所能完成的，需要多种机器学习方法的组合，共同实现精确推荐或识别精确率。在数据分类应用过程中也是一样的，需要整合多种方法来实现。同时，数据的应用还取决于数据的完整性和有效性，错误的数据或缺失的数据类别，都会让结果的精确率降低。

在应用中，读者可以通过电影的分类，对不同类型的电影安排不同的推广策略，最终增加营业收入。我们可以通过评分、日均票房等多个信息，将电影进行分类。首先通过 DBSCAN确定电影的分类个数，然后根据该数值通过使用 K-Means 实现对电影的聚类分析和预测。聚类分析示例结果如图 12.10 所示。

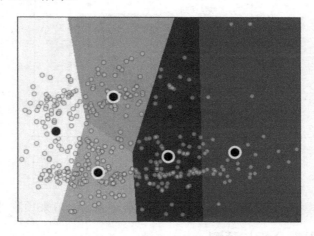

图 12.10　聚类分析示例结果

有时，在工程应用的一个大项目中，通常会招用一个团队去做标记，然后使用标记后的结果进行监督学习。同样，我们也可以根据现实经验对观影数据进行标记，将电影进行分类。根据标记后的结果使用不同的机器学习方法来实现对电影的分类。如图 12.11 所示，我们将电影标记成了三类，通过机器学习方法实现了对电影类别的一个判定。

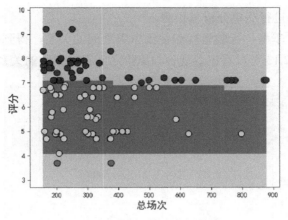

图 12.11　电影的分类与预测

12.6　课外拓展实训：二手车数据的获取与市场分析

【实训目的】

通过本次实训，要求学生熟练掌握数据分析的流程，学会设计和实现爬虫，并掌握机器学习在数据分析中的应用。

【实训环境】

PyCharm、Python 3.7、Pandas、NumPy、Matplotlib、sklearn。

【实训内容】

（1）设计与实现二手车的爬虫。

可获取的字段包括车型、行驶里程、时间、地区、现价、原价等。

（2）对爬取的二手车的数据进行统计与分析。

统计不同地区、不同车型的市场情况，并分析不同时段的销售情况等。图 12.12 所示为温州地区出售的某品牌二手车在一段时间内的价位变化。

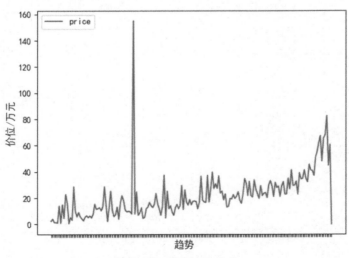

图 12.12　价位变化趋势

（3）对二手车市场进行简单分析与预测。

分析现价与原价、车型、行驶里程和使用年限之间的关系，得到的分析结果可用于对现价的一个预估。从图 12.13 可以看出，现价与原价之间存在较强的关系。

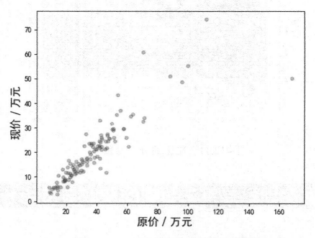

图 12.13　二手车现价与原价的关系

（4）二手车分类应用。

不同车型，其保值性不同，读者可以对汽车进行分类后，按分类结果再进行现价的预测可能更加准确。

（5）获取二手车的图片，实现车辆信息识别。

人工智能的应用已经深入人们生活的方方面面。在实践时，读者可以从网站上下载图片，对下载的图片进行车辆信息识别。进一步地，读者还可以对车辆的颜色进行识别。

环境准备

Python 解释器的安装

本书中的所有数据分析案例均使用 Python 语言，以及 Python 语言的第三方常用包中有关数据预处理、数据分析工具、数据可视化包。因此，在学习本书内容前，要求读者对 Python 编程有一定的基础。Python 是一种目前广泛使用的通用编程语言，加上其在科学计算和机器学习领域的应用，找到一本适合初学者学习的 Python 教程并不是十分困难的。

为完成项目案例的学习与应用，读者需要在计算机上安装 Python 编程环境。安装后，由 Python 解释器负责运行 Python 程序。目前，Python 有两个版本：一个是 2.x 版本；另一个是 3.x 版本。需要注意的是，这两个版本是不兼容的。目前，Python 正在朝着 3.x 版本演进，在演进过程中，大量针对 2.x 版本的代码要修改后才能运行。因此，许多第三方的包也针对 3.x 版本进行了开发与应用。机器学习方法日新月异、与时俱进，为保证程序可以使用大部分新的第三方包，本书以 3.x 版本为编程环境，确切地说，是应用较为成熟的 3.7 版本。

读者可以从 Python 的官方网站（https://www.Python.org/downloads）下载 3.7 版本。下载完成后，运行 MSI 安装包并选择自定义的安装目录。安装完成后，再次确认计算机上安装的 Python 版本是否是 3.7，以便更好地学习本书的内容。

PyCharm 集成开发环境的安装

本书使用 PyCharm 集成开发环境。最新的集成开发环境读者可以从 PyCharm 官方网站进行下载。本书使用的是 PyCharm Professional 版本，读者可以根据自己计算机的操作系统进行选择与安装，非常简便，本书不再详述。

根据自己的需要，读者也可以在 https://repo.continuum.io/archive 或 https://mirrors.tuna.tsinghua.edu.cn/anaconda/archive 中下载 Anaconda 3，使用 jupyter notebook 工具，它不需要事先安装 Python 解释器。Anaconda 3 的安装界面如图 A.1 所示。

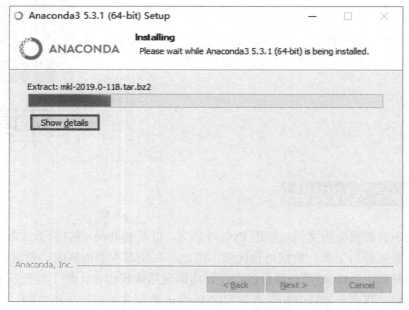

图 A.1　Anaconda 3 的安装界面

数据分析、机器学习相关包的安装

在使用机器学习分析数据时，需要涉及各种第三方的包（库），主要是数据分析包（NumPy、Pandas）、绘图包（Matplotlib）、机器学习包（scikit-learn）。

其中，NumPy 包主要用来做一些科学运算，特别是矩阵的运算。NumPy 包为 Python 提供了真正的多维数组功能，并且提供了丰富的函数库来处理数组。它将常用的数学函数都进行了数组化，使得这些数学函数能够直接对数组进行操作。

Pandas 是基于 NumPy 包的一种工具，该工具是为了完成数据分析任务而创建的。Pandas 包纳入了大量函数库和一些标准的数据模型，提供了高效操作大型数据集所需的工具。Pandas 包同时也提供了大量能使我们快速、便捷地处理数据的函数和方法，它是 Python 成为强大而高效的数据分析语言的重要因素之一。

Matplotlib 是 Python 的一个可视化模块，可用来方便地制作线条图、饼图、柱状图及其他专业图形，并且支持所有操作系统下不同的 GUI 后端。Matplotlib 包有一套允许定制各种属性的默认设置，可以控制 Matplotlib 包中的很多图形属性，比如图像大小、每英寸点数、线宽、色彩和样式、子图、坐标轴、网格属性和文字属性。

一般地，一个包（库）的安装过程如下。

首先，打开设置，选择"项目：xml"→"Project Interpreter"（项目解释器），如图 A.2 所示，单击"+"图标开始搜索包（库）。

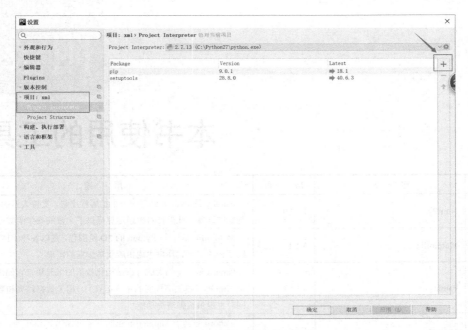

图 A.2　包（库）的安装（一）

如图 A.3 所示，在上侧文本框中输入需要安装的包名（库名），如"numpy"，单击"Install Package"按钮，即可完成 NumPy 包的安装。以此类推，完成其余三个包的安装。

图 A.3　包（库）的安装（二）

三个常用的包（库）安装成功后，读者即可进入本书内容的学习和实践。在各章节中，如有用到其他的第三方包，书中会特别提示说明，比如，urllib、requests、BeautifulSoup、folium、seaborn、OpenCV、TensorFlow 等。

本书使用的工具包

序号	包　名	版　本	用　途
1	NumPy	1.17.0	NumPy 是 Python 语言的一个扩展程序包，支持大量的维度数组与矩阵运算，此外针对数组运算提供了大量的数学函数库
2	Matplotlib	3.1.1	Matplotlib 是一个 Python 的 2D 绘图包，它以各种硬拷贝格式和跨平台的交互式环境生成出版质量级别的图形
3	Pandas	0.24.1	Pandas 是一个强大的分析结构化数据的工具集，它的使用基础是 NumPy（提供高性能的矩阵运算），用于数据挖掘和数据分析，同时也提供数据清洗功能
4	seaborn	0.9.0	seaborn 是基于 Matplotlib 包的图形可视化 Python 包。它提供了一种高度交互式界面，便于用户做出各种有吸引力的统计图表
5	sklearn	0.20.2	scikit-learn 简称 sklearn，支持分类、回归、降维和聚类四大机器学习方法。它还包括了特征提取、数据处理和模型评估三大模块
6	urllib3	1.24.1	urllib 包包含了打开网址发送请求的方法，服务于升级的 HTTP 1.1 标准，且拥有高效 HTTP 连接池管理及 HTTP 代理服务的功能库
7	requests	2.21.0	requests 是 Python 语言实现的简单易用的 HTTP 包，是在 urllib3 包的基础上进行的封装，使用起来比 urllib 包简单很多
8	BeautifulSoup4	4.7.1	BeautifulSoup 是一个 HTML/XML 的解析器
9	folium	0.8.3	folium 是地理信息可视化库 leaflet.js 为 Python 提供的接口，通过它可调用 leaflet 的相关功能，基于内建的 osm 或自行获取的 osm 资源和地图原件进行地理信息内容的可视化，以及制作优美的可交互地图
10	LIBSVM	3.23.0	LIBSVM 是台湾大学林智仁（Lin Chih-Jen）教授等开发设计的一个简单、易用和快速有效的 SVM 模式识别与回归的软件包，该包中不但提供了编译好的且可在 Windows 系列系统中直接执行的文件，还提供了源码
11	OpenCV-python OpenCV-contrib-python	4.1.0	OpenCV 是一个基于 BSD 许可（开源）发行的跨平台计算机视觉包，实现了图像处理和计算机视觉方面的很多通用算法
12	Keras	2.0.9	Keras 是使用 Python 编写的开源人工神经网络包，可以作为 TensorFlow、Microsoft-CNTK 和 Theano 的高阶应用程序接口，进行深度学习模型的设计、调试、评估、应用和可视化
13	PyTorch	0.4.1	PyTorch 是由 Facebook 的 AI 研究团队发布的一个 Python 工具包，PyTorch 是使用 GPU 和 CPU 优化的深度学习张量包
14	TensorFlow	1.14.0 （CPU）	TensorFlow 是一个基于数据流编程的符号数学系统，被广泛应用于各类机器学习方法的编程实现

参考文献

[1] 龙马高新教育. Python 3 数据分析与机器学习实战. 北京：北京大学出版社，2018.

[2] 弗兰克·凯恩. Python 数据科学与机器学习从入门到实践. 北京：人民邮电出版社，2019.

[3] Alexander T. Combs. Python 机器学习实践指南. 北京：人民邮电出版社，2017.

[4] 普拉提克·乔西. Python 机器学习经典实例. 北京：人民邮电出版社，2017.

[5] Ivan Idris. Python 数据分析基础教程：NumPy 学习指南（第 2 版）. 北京：人民邮电出版社，2013.

[6] Wes McKinney. Python 数据分析（第 2 版）. 南京：东南大学出版社，2018.

[7] 尼克·麦克卢尔. TensorFlow 机器学习实战指南（原书第 2 版）. 北京：机械工业出版社，2019.

[8] 余本国. 基于 Python 的大数据分析基础及实战. 北京：水利水电出版社，2018.

[9] 喻俨，莫瑜. 深度学习原理与 TensorFlow 实践. 北京：电子工业出版社，2017.